“十四五”时期国家重点出版物出版专项规划项目

面向2035：中国生猪产业高质量发展关键技术系列丛书

总主编　张传师

猪冷冻精液制作与使用关键技术

◯主　编　潘红梅　李兆华

◯顾　问　张德福

中国农业大学出版社

·北京·

内 容 简 介

本书主要介绍猪精液冷冻保存技术在国内外的发展历程及应用现状，种猪精子的发生和生理特性，冷冻机理等基础知识；介绍种猪精液的采精、冷冻前处理、冷冻保存过程及其关键技术点、冷冻精液的收集保存及冷冻精液的微生物污染防控等技术要点和操作细节。

本书编写内容力求理论普及与实际操作相结合，读者在全面了解猪冷冻精液的同时，根据本书提供的冷冻精液制作描述的文字、图片与视频，还可自己动手完成冷冻精液的制作。本书呈现冷冻精液制作的各种方法和剂型，读者可根据自身条件，选择适合的方法制作猪冷冻精液。

本书可作为大专院校学生、养猪企业的管理者及从事猪精液冷冻的技术人员的辅助教材和操作指南。

图书在版编目(CIP)数据

猪冷冻精液制作与使用关键技术 / 潘红梅，李兆华主编. --北京：中国农业大学出版社，2022.11

(面向 2035：中国生猪产业高质量发展关键技术系列丛书)

ISBN 978-7-5655-2884-2

Ⅰ.①猪… Ⅱ.①潘…②李… Ⅲ.①猪-精液冷冻 Ⅳ.①S828.3

中国版本图书馆 CIP 数据核字(2022)第 213667 号

书　　名　猪冷冻精液制作与使用关键技术

作　　者　潘红梅　李兆华　主编

执行总策划　董夫才　王笃利　　**责任编辑**　孟丽萍

策 划 编 辑　孟丽萍　赵　艳　　**封面设计**　郑　川

出 版 发 行　中国农业大学出版社

社　　址　北京市海淀区圆明园西路 2 号　　**邮政编码**　100193

电　　话　发行部 010-62733489，1190　　读者服务部 010-62732336

编辑部 010-62732617，2618　　出　版　部 010-62733440

网　　址　http://www.caupress.cn　　**E-mail** cbsszs@cau.edu.cn

经　　销　新华书店

印　　刷　涿州市星河印刷有限公司

版　　次　2022 年 11 月第 1 版　　2022 年 11 月第 1 次印刷

规　　格　170 mm×240 mm　　16 开本　　10.75 印张　　205 千字

定　　价　42.00 元

丛书编委会

编写人员

主　　编　潘红梅　重庆市畜牧科学院
　　　　　李兆华　吉林省农业科学院

副 主 编　周光斌　四川农业大学
　　　　　张　亮　重庆市畜牧科学院
　　　　　张树山　上海市农业科学院
　　　　　史文清　北京市畜牧总站

参　　编　（按姓氏笔画排序）
　　　　　于永生　吉林省农业科学院
　　　　　王　震　重庆市畜牧技术推广总站
　　　　　王可甜　重庆市畜牧科学院
　　　　　龙　熙　重庆市畜牧科学院
　　　　　刘庆雨　吉林省农业科学院
　　　　　李新红　上海交通大学
　　　　　何道领　重庆市畜牧技术推广总站
　　　　　张廷焕　重庆市畜牧科学院
　　　　　张志彬　吉林省农业科学院
　　　　　张利娟　重庆市畜牧科学院
　　　　　陈　力　重庆市畜牧科学院
　　　　　林　燕　四川农业大学
　　　　　原黎伟　河南精旺猪种改良有限公司
　　　　　柴　捷　重庆市畜牧科学院
　　　　　钱芙蓉　吉林省农业科学院
　　　　　高　一　吉林省农业科学院
　　　　　郭宗义　重庆市畜牧科学院
　　　　　涂　志　重庆市畜牧科学院

顾　　问　张德福　上海市农业科学院

总　序

党的十九届五中全会提出，到2035年基本实现社会主义现代化远景目标。到本世纪中叶，把我国建成富强民主文明和谐美丽的社会主义现代化强国。要实现现代化，农业发展是关键。农业当中，畜牧业产值占比30%以上，而养猪产业在畜牧业中占比最大，是关系国计民生和食物安全的重要产业。

改革开放40多年来，养猪产业取得了举世瞩目的成就。但是，我们也应清醒地看到，目前中国养猪业面临的环保、效率、疫病等问题与挑战仍十分严峻，与现实需求和国家整体战略发展目标相比还存在着很大的差距。特别是近几年受非洲猪瘟及新冠肺炎疫情的影响，我国生猪产业更是遭受了严重的损失。

近年来，我国政府对养猪业的健康稳定发展高度重视。2019年年底，农业农村部印发《加快生猪生产恢复发展三年行动方案》，提出三年恢复生猪产能目标；受2020年新冠肺炎疫情的影响，生猪产业出现脆弱、生产能力下降等问题，为此，2020年国务院办公厅又提出关于促进畜牧业高质量发展的意见。

2014年5月习近平总书记在河南考察时讲到：一个地方、一个企业，要突破发展瓶颈、解决深层次矛盾和问题，根本出路在于创新，关键要靠科技力量。要加快构建以企业为主体、市场为导向、产学研相结合的技术创新体系，加强创新人才队伍建设，搭建创新服务平台，推动科技和经济紧密结合，努力实现优势领域、共性技术、关键技术的重大突破。

生猪产业要实现高质量发展，科学技术要先行。我国养猪业的高质量发展面临的诸多挑战中，技术的更新以及规范化、标准化是关键的影响因素，一方面是新技术的应用和普及不够，另一方面是一些关键技术使用不够规范和不够到位，从而影响了生猪生产效率和效益的提高。同样的技术，投入同样的人力、资源，不同的企业产出却相差很大。

企业的创新发展离不开人才。职业院校是培养实用技术人才的基地，是培养中国工匠的摇篮。中国生猪产业职业教育产学研联盟由全国80多所职业院校以及多家知名养猪企业和科研院所组成，是全国以猪产业为核心的首个职业教育“产、学、研”联盟，致力于协同推进养猪行业高技能型人才的培养。

为了提升高职院校学生的实践能力和技术技能，同时促进先进养猪技术的推广和规范化，中国生猪产业职业教育产学研联盟与中国种猪信息网&《猪业科学》超级编辑部一起，走访了解了全国众多养猪企业，在总结一些知名企业规范化先进技术流程的基础上，围绕养猪产业链，筛选了影响养猪企业生产效率和效益的12种关键技术，邀请知名科学家、职业院校教师和大型养猪企业技术骨干，以产学研相结合的方式，编写成《面向2035：中国生猪产业高质量发展关键技术系列丛书》。该系列丛书主要内容涵盖母猪营养调控、母猪批次管理、轮回杂交与种猪培育、猪冷冻精液、猪人工授精、猪场生物安全、楼房养猪、智能养猪与智慧猪场、猪主要传染病防控、非洲猪瘟解析与防控、减抗与替抗、猪用疫苗研发生产和使用等12个方面的关键技术。该系列丛书已入选《“十四五”时期国家重点图书、音像、电子出版物出版专项规划》。

本系列图书编写有3个特点：第一，关键技术规范流程来自知名企业先进的实际操作过程，同时配有视频资源，视频资源来自这些企业的一线实际现场，真正实现产教融合、校企合作，零距离，真现场。这里，特别感谢这些知名企业和企业负责人为振兴民族养猪业的无私奉献和博大胸怀。第二，体现校企合作，产、教结合。每分册都是由来自企业的技术专家与职业院校教师共同研讨编写。第三，编写团队体现“产、学、研”结合。本系列图书的每分册邀请一位年轻有为、实践能力强的本领域权威专家学者作为顾问，其目的是从学科和技术发展进步的角度把控图书内容体系、结构，以及实用技术的落地效应，并审定图书大纲。这些专家深厚的学科研究积淀和丰富的实践经验，为本系列图书的科学性、先进性、严谨性以及适用性提供了有利保证。

这是一次养猪行业“产、学、研”结合，纸质图书与视频资源“线上线下”融合的新尝试。希望通过本系列图书通俗易懂的语言和配套的视频资源，将养猪企业先进的关键技术、规范化标准化的流程，以及养猪生产实际所需基本知识和技能，讲清楚、说明白，为行业的从业者以及职业院校的同学，提供一套看得懂、学得会、用得好，有技术、有方法、有理论、有价值的好教材，助力猪业的高质量发展和猪业高素质技能型人才的培养，助力乡村振兴，为全面建设社会主义现代化国家、实现中华民族伟大复兴的中国梦提供有力的人才和技能支撑。

孙德林　张传师

2022年1月

前　言

随着猪人工授精技术在我国全面普及，因自然交配导致的疾病传播问题得到有效遏制，品种改良及良种扩繁效率得到极大提高，进一步加快了我国从养猪大国走向养猪强国的步伐。但2018年非洲猪瘟在国内暴发后，我国养猪业的生物安全管理策略发生了翻天覆地的变化，尤其是种猪引进将面临巨大的生物安全风险。猪冷冻精液具有保存时间长、生物安全性高、运输方便等优点，受到养猪业的重视。与常温精液相比，冷冻精液在猪的种质资源保护、发挥优秀种公猪遗传潜力及加快恢复生猪产能等方面都有重要的意义。

本书详细阐述了目前已知的公猪精子冷冻损伤机理，明确了猪精子不耐冷冻的生理特性，并提供了可选择的提高方法。随后，从采精开始到冷冻保存及冻精输配过程分别作了详细介绍，并配以生动直观的图片和操作小视频，为读者提供可操作性强的学习材料。全书整理了猪冷冻精液制作的各种剂型、方法及相应的影响因素等，为读者充分认识猪精液的冷冻保存技术提供翔实的资料。本书还专门列出一章来讨论猪冷冻精液的质量评价方法，为猪精液冷冻技术研究和生产提供了参考。考虑到猪精液的卫生和检疫问题常被忽略，但又是实际生产中对养猪业影响极大的部分，故将其放在本书的最后一章加以重点阐述，以期引起养猪企业重视并提供可参考的检测方法。

本书共分为9章，其中第1章由潘红梅负责编写，第2章由于永生负责编写、第3章由周光斌负责编写、第4章由郭宗义负责编写、第5章由李兆华负责编写、第6章由张树山负责编写、第7章由张亮负责编写，第8章由史文清和张树山负责编写，第9章由李新红负责编写，其他参编人员不同程度加入本书的编写工作中。

编写人员分别来自高校、科研院所、畜牧生产技术推广部门及企业，都是长期从事猪冷冻精液的理论研究、技术体系研究以及技术推广的专家，具有扎实的理论基础和丰富的实践经验。本书兼顾理论探讨与实践操作指导，对大专院校畜牧相关专业的学生、养猪企业的管理者及从事猪精液冷冻的技术人员均具有较强的适用性。

特别感谢丛书总策划人孙德林教授、丛书总主编张传师教授，以及特聘顾问张德福研究员为本书编写提供的指导。

本书的编写得到“十四五”国家重点研发项目“主要农业单胃动物和水产生物珍稀濒危种质资源的抢救性保护”(2021YFD1200303)的资助。

在编写过程中，我们遵循科学性、先进性、实用性的原则要求，着力反映国内猪冷冻精液的可用技术方法和应用情况，但猪精液的冷冻保存技术仍在发展中，还有很多理论和技术问题需要改进和突破，加之时间和水平所限，理论深度有所不足，技术细节描述不到位等情况可能在所难免，恳请广大读者批评指正。

编　者

2022 年 4 月

目　录

第1章 猪精液冷冻保存技术概论

【本章提要】猪精液冷冻保存技术研究始于20世纪50年代，直至1970年才获得冷冻精液（简称"冻精"）后代。猪精液冷冻保存技术的发展和应用对养猪业具有重大的现实意义，国内外均投入大量资金开展研究，积极推动此技术的发展。时至今日，猪精液冷冻技术已商业化，为猪种质资源的保存和顶级公猪最大限度的利用提供了有效的技术支撑。

1.1 猪精液冷冻保存技术的发展历史和未来趋势

1.1.1 猪精液冷冻技术的研究简史

1.1.1.1 猪精液冷冻技术研究起源

1776年报道的在雪中冷藏精子的试验，是精子低温冷藏的首次尝试。Bunge等（1953）发现甘油可以保护精子对抗冷冻损伤，使其冻存在 −78 ℃的干冰中，并利用这些精子成功受孕3例，从此冷冻保护剂开始受到人们的关注。后来Sherman发现，将精液保存在−196 ℃的液氮中效果更好，解冻精子具有一定的运动能力。

猪精液冷冻保存技术研究始于20世纪50年代。King等（1967）将牛精液冷冻的成功方法用于冷冻猪的精液，精子解冻后活力为20%～50%，但解冻精子在37 ℃下存活不到5 h。同时，King等对19头经产母猪和5头初产母猪进行冻精输配，全部返情。Polge等（1970）通过手术法将猪的冻精直接注入输卵管，首次获得冻精配种生产的仔猪。一年后，Crabo and Einarrsson（1971）、Graham（1971）及Pursel and Johnson（1971）分别报道通过子宫颈人工授精的方法给母猪输配冻精可使母猪受孕。从此，各国科研人员在猪精液冷冻技术及相关领域展开全面研究。

在猪精液冷冻保存国际会议(International Conference on Boar Semen Preservation)上,来自世界各地的研究者交流猪精液的冷冻保存机理、方法、技术关键环节、冷冻保护剂等方面的研究进展。至2019年,该国际会议已经召开了9次,每一次会议的召开,都积极地推动了猪精液冷冻保存技术的发展。

1.1.1.2 猪精液冷冻技术发展起步阶段的历史回顾

1. 猪冻精在我国的起步和应用情况

我国在猪精液冷冻技术的研究起步较晚,但发展迅速、成绩显著。1973年,在广东、广西等省、自治区相继开展了公猪精液冷冻实验。1975年5月12日,广西畜牧所成功获得我国首例冻精配种生产的仔猪,窝产13头,全部成活。截至1976年年底,广西、广东、陕西、吉林、新疆、福建等省份采用冻精配种已达4 000多头次,情期受胎率为30%~40%,个别单位达到70%。1977年成立全国猪精液冷冻技术研究协作组,先后有广西壮族自治区、北京市、广东省、上海市、湖北省、吉林省农安县、黑龙江省、陕西省西安市、新疆石河子地区、浙江省杭州市等地区农科院和华中农学院等11个单位参加,协作组成员对冻精的制作、稀释液筛选、冻精解冻后的存活观察、输入有效精子数等项目进行了一系列的探讨。据1975—1983年的不完全统计,全国各地使用冻精,对21 859头母猪进行人工授精,平均情期受胎率和窝产仔数分别为56.25%和8.18头。

2. 猪冻精在我国起步阶段的研究成果

通过协作组全体单位的努力,获得冻精配种产仔受胎率较高的4个稀释液配方,分别为广东省农业科学院畜牧研究所、广西壮族自治区畜牧研究所、浙江省杭州市农业科学研究所和北京市畜牧兽医站研制。这些配方基本上都是由糖类、卵黄、甘油、盐类和抑菌剂构成。各单位采取的稀释、平衡、制冻等程序步骤各有不同。受条件限制,平衡降温设备只有普通冰箱,即4 ℃冷藏室和-20 ℃冻存室。因此,多数情况是将新鲜精液室温静置30 ~60 min即可稀释。稀释后的精液一般分装于50~100 mL的三角瓶内,置于6~10 ℃的冰壶或冰箱内平衡2~4 h,当精液温度降至8~12 ℃时精液活率仍保持70%以上者,用于制作冻精。稀释平衡后的猪精液主要通过搪瓷碟片状法、颗粒法和塑料袋法制成冻精颗粒和饼片。从研究结果看,3种方法制成2种剂型的冻精解冻后活率都能达到30%~40%,各有优势。

3. 猪冻精在我国起步阶段的发展特点

我国早期猪冻精研究实验的主要特点是由政府相关部门引导,科研人员和基层技术人员相结合,大搞群众运动。改革开放前后,国内猪场大多是国有或集体经营,可以接受对生产成绩影响大的试验研究。特殊的背景条件,让冻精试验在全国范围内展开,并在短时间内取得较好的成绩。

4. 与我国猪冻精起步阶段同期的国际冻精应用情况

张继慈(1991)的翻译文章中提到,1982—1987 年,日本共使用颗粒冻精输配母猪 4 008 头,受胎率平均为 39.6%;1987 年,受胎率平均为 49.4%,共产仔 1 437 窝,平均窝产仔数为 8.0 头。许怀让的翻译文章中提到,在 1985 年瑞典召开的猪精液冷冻进展与技术讨论会上有学者提出全世界每年进行的猪人工授精中冻精的比例不超过 0.5%。其中,冻精中用于商品猪生产、试验研究和遗传资源保存的比例分别为 9%、10%和 1%,大部分冻精(80%)用于生产育种和经济价值更高的种猪。在理想的试验农场条件下,冻精配种的受胎率可达 60%。在一般条件下,平均产仔率为 55%,在商品猪生产场的受胎率甚至可能低于 50%,而使用鲜精(或稀释鲜精)通常可获得 80%的受胎率。由此可见,我国早期猪冻精输精试验,受胎率高于日本,与欧美国家相当。

1.1.2　猪冻精在养猪生产中的应用现状

1.1.2.1　国外养猪业中冻精的应用现状

作者收集了 1981 年以来国外应用冻精对母猪进行输精配种的 21 篇文献(表 1-1),分析冻精在国外养猪生产中的应用状况(图 1-1,图 1-2)。

表 1-1　国外文献报道冻精配种试验结果

作者,时间,国家	输精母猪数/头	输精方法/每次输精精子数/(亿/10^8)	精液体积/mL	受胎率/%	产仔率/%	总产仔数/头	活产仔数/头
Johnson,1981,荷兰	451	FS-CAI	—	79.1	—	10.6	9.9
		FT-CAI	—	47	—	7.4	7.1
Reed,1985,英国	177	FT-CAI	—	45.19	—	7.4	—
AlmLid,1987,挪威	250	FT-CAI-50	—	63(58-68)	—	9.7	8.9
Weitze ,1990,德国	110	FT-CAI-50	—	73	—	12.0	—
AlmLid,1995,挪威	392	FT-CAI-25	—	—	48	10.4	9.7
	496	FT-CAI-25	—	—	57	12.2	10.6
	10600	FS-CAI-30	—	—	73	12.8	11.0
Hofmo and Grevle,2000,挪威	210	FT-CAI	—	—	67	10.8	—
Martin,2000,美国	34	FT-CAI-50	5	74	—	—	12.8
	26	FS-CAI-50	100	88	—	—	12.9
Eriksson,2002,瑞典	352	FT-CAI-50	100	—	72	10.7	9.7
	547	FS-CAI-50	85	—	81	10.7	9.4

续表 1-1

作者,时间,国家	输精母猪数/头	输精方法/每次输精精子数/(亿/10⁸)	精液体积/mL	受胎率/%	产仔率/%	总产仔数/头	活产仔数/头
Roca,2003,西班牙	49	FT-DUI-10	5	—	77.55	9.31	—
	29	FS-DUI-1.5	5	—	82.76	9.96	—
	33	FT-CAI-60	100	—	75.76	9.6	—
	40	FT-DUI-10	5	—	70	9.25	—
	38	FS-DUI-1.5	5	—	84.21	9.88	—
Bolarín,2006,瑞士	79	FT-DUI-10	10	75.2	70.1	9.18	—
	82	FT-DUI-10	10	57.3	51.2	9	—
Fraser,2007,波兰	8	FT-PCAI-20	—	—	75	10.5	—
Abad,2007,加拿大	32	FS-CAI-30	80	—	68.8	12.1	—
	26	FT-CAI-30	80	—	7.7	5.0	—
	30	FT-CAI-30	80	—	10	3.3	—
	34	FT-CAI-30	80	—	14.7	8	—
	25	FS-CAI-30	80	—	92	10.3	—
	24	FT-PCAI-30	80	—	37.5	8.1	—
	24	FT-PCAI-30	80	—	41.7	9.4	—
	26	FT-PCAI-30	80	—	38.5	9.6	—
Bathgate, 2008, 澳大利亚	262	FT-DUI-10	5	50.76	34.35	7.57	—
Yamaguchi ,2009,日本	21	FT-PCAI-25	50	38.1	28.6	7.2	—
	21	FT-PCAI-25	50	71.4	61.9	8.2	—
Garcia,2010,西班牙	30	FS-CAI-50	80	86.7	83.3	11.2	—
	26	FT-CAI-50	80	80.8	69.2	12.5	—
	26	FT-CAI-50	80	65.4	65.4	9.8	—
Casas,2010,西班牙	21	FS-PCAI-10	30	80.95	80.95	10.65	—
	20	FS-PCAI-10	30	85	75	12.13	—
	26	FT-PCAI-75	30	61.54	53.85	9.36	—
	19	FT-PCAI-75	30	26.32	26.32	10.6	—
Buranaamnuay, 2010, 泰国	20	FT-PCAI-10	20	—	60	8	7.8
	20	FT-PCAI-10	20	—	65	9.4	8.7
Roca,2011,西班牙	111	FT-CAI-50	—	—	85.6	12.6	—

续表 1-1

作者，时间，国家	输精母猪数/头	输精方法/每次输精精子数/(亿/10^8)	精液体积/mL	受胎率/%	产仔率/%	总产仔数/头	活产仔数/头
Didion，2013，加拿大	2 286	FT-PCAI-20	60	—	81.1	13	—
	2 780	FS-PCAI-30	80	—	85.6	13.8	—
Estrada，2014，西班牙	20	FS-PCAI-30	80	—	91.4	14.3	—
	20	FT-PCAI-30	60	—	67.2	7.5	—
	20	FT-PCAI-30	60	—	92.7	13	—
Chanapiwa，2014，泰国	36	FS-PCAI-30	100	—	61.1	10.8	—
	33	FT-PCAI-20	20	—	66.8	9	—

FT：冻精；FS：常温精液；CAI：子宫颈输精；PCAI：子宫颈后输精；DUI：子宫深部输精。

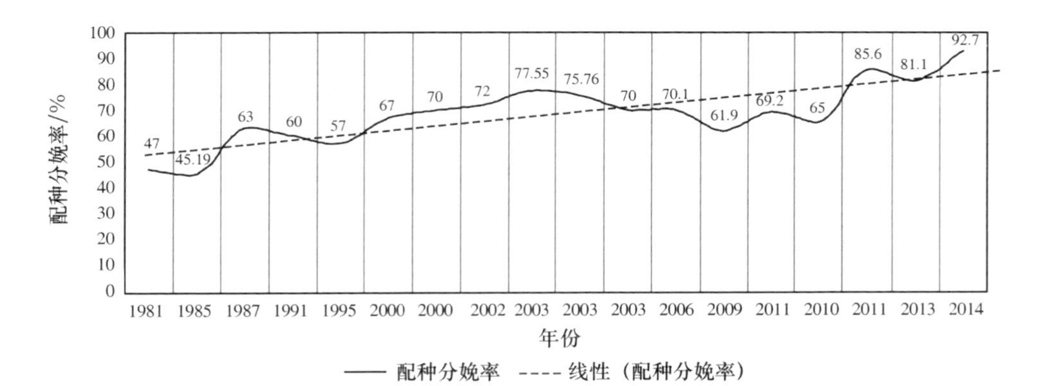

图 1-1　国外种猪冻精配种分娩率年度趋势分析

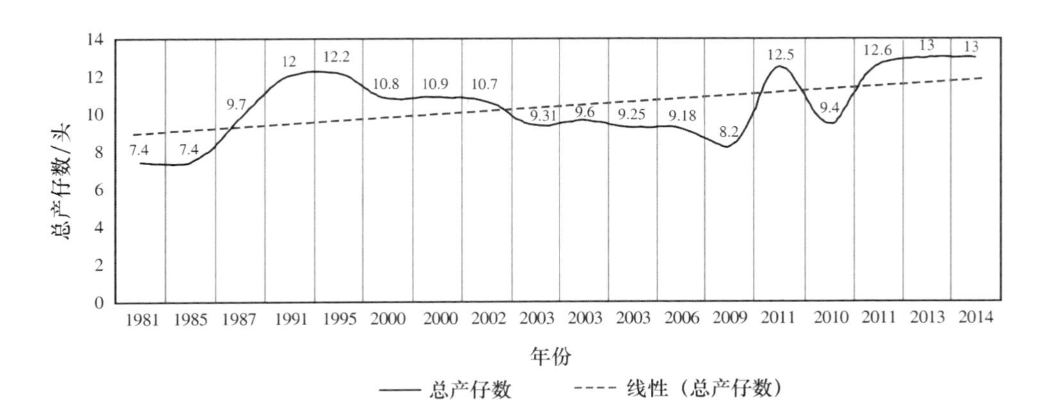

图 1-2　国外种猪冻精配种后总产仔数年度趋势分析

由图 1-1 和图 1-2 可知,从 1981 年到 2014 年,冻精配种分娩率从最初的 47%提高到 92.7%,总产仔数从 7.4 头提高到 13 头。可见,经过近 40 年的努力,猪冻精的配种成绩得到了大幅度提高。这不仅是繁殖技术的进步,也是动物营养、遗传育种以及猪场管理等方面共同作用的结果。从配种分娩率上看,2000 年前后配种分娩率从 47%～60%,提高到 67%以上。而从总产仔数上看,1987 年前后总产仔数从 7.4 头提高到 9.7 头以上,在 2010 年前后从 9 头左右提高到 12.6 头。这也提示我们在这些时间节点发生了某种技术上的突破或某种技术因素对繁殖指标产生了较大的影响。

比较分析文献中冻精和常温精液的配种成绩(图 1-3、图 1-4),冻精配种分娩率在 1981 年时与常温/新鲜精液相差 33%,而 2014 年二者的差值仅为 1.3%和 5.7%,且无统计上的显著差异。冻精在 1981 年的总产仔数与常温/新鲜精液相差 3.2 头,而在 2014 年缩短至 1.3 头和 1.8 头,在 2000—2003 年间二者的差距一度缩短至 0～0.28 头。

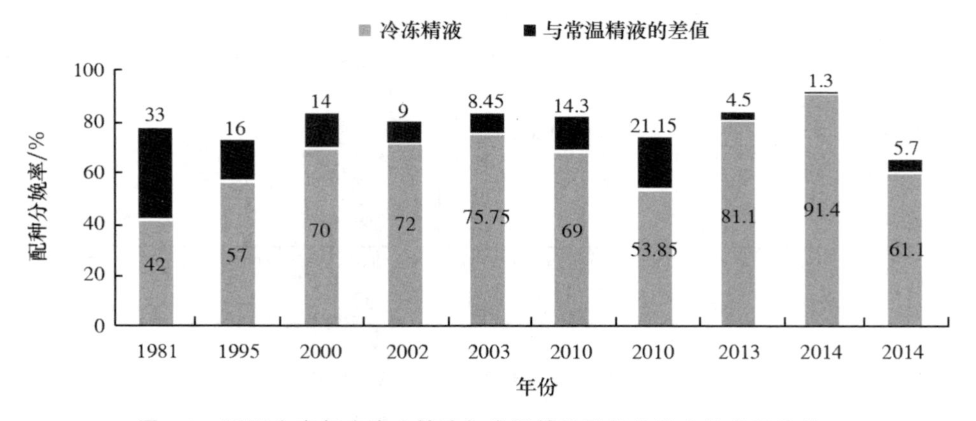

图 1-3 不同生产年度冷冻精液与常温精液配种分娩率的差异比较

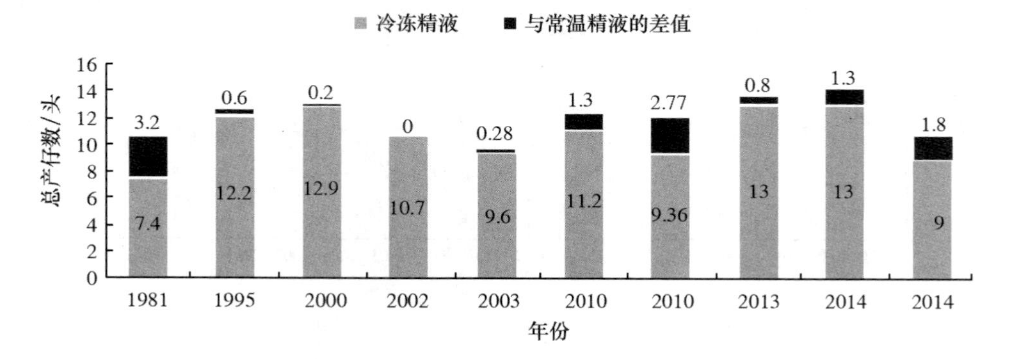

图 1-4 不同生产年度冷冻精液与常温精液配种获得总产仔数的差异比较

从总体来看(图1-1、图1-2),冻精的配种分娩率和总产仔数都呈缓慢的上升趋势,说明某一种技术因素的改进并不能使得冻精的繁殖成绩出现急剧的变化。这也说明猪冻精配种的结果受诸多因素的影响,需要对多个技术因素的持续改进才可能获得明显的提高。

1.1.2.2　我国养猪业中冻精的应用现状

改革开放以后,我国养猪行业发生了天翻地覆的变化。规模养殖不再是国营和集体专有,私营养猪场、种猪场如雨后春笋般兴起,经济效益成为养猪业的重要指标。鲜精人工授精比冻精具有更高的受胎率和窝产仔数,因而受到从业人员的广泛的关注。20世纪末,我国在猪精液冷冻保存的研究上有一段相对停滞期,仅有少数几个研究者持续开展猪冻精的研究。

同期欧美国家猪冻精的研究随工业水平的提升,有了跨越式的发展。他们用塑料细管作为冻精的载体,同时开发了程序化冷冻设备及相应的计算机辅助精液质量检测系统,其中,德国的米尼图和法国的卡苏公司的产品尤其突出。借助先进的精液冷冻设备,美国和加拿大向世界各国出售其优质种猪冻精。

我国开始从国外引进生产冻精的设备、技术及种猪冻精,开启了边研究边引进的猪冻精发展进程。随着冻精专用设备的研发和配套的猪人工授精技术的进步,猪精液冷冻研究与应用在我国进展迅速。近年来,国内百钧达科技发展(北京)有限公司(简称百钧达)、北京田园奥瑞生物科技有限公司(简称北京田园奥瑞)等相继研发了猪精液冷冻保存技术,自主开发精液冷冻保护剂和冷冻设备,并在全国范围内开始猪冻精的商业化生产、销售。广东温氏、上海祥欣等国内知名育种企业已相继建立猪冻精商业化生产平台,能为国内外客户提供优质遗传资源,并为客户提供配套的人工授精技术指导。

近20年来,我国猪冻精技术发展迅速,尤其是商业化的应用开发团队百钧达、北京田园奥瑞的崛起,加快了种猪冻精的质量提升,不论在配种受胎率还是窝产活仔数上都比早期的颗粒冻精时代有了质的飞跃。同时,对比国产冻精和国外引进冻精的配种产仔成绩不难发现,国产冻精的配种受胎率、配种分娩率及窝产活仔数均已远超国外引进冻精。尤其是海南罗牛山的冻精,竟达到100%的配种分娩率,而重庆农投2016年从英国引进的冻精配种分娩率仅为11.11%,且窝产活仔数只有4头。笔者所在团队也对百钧达的冻精和加拿大的冻精配种结果作了比较,配种结果表明,百钧达冻精配种分娩率为57.81%,窝产活仔数8.3头;加拿大引进冻精配种分娩率为40.54%,窝产活仔数8.53头(数据未发表),国产冻精配种成绩优于加拿大引进冻精。综上所述,我国猪精液冷冻技术后来者居上,已经超过欧美,领先世界。

1.1.3 猪冻精的发展趋势

1.1.3.1 抗冻标记物

精子的抗冻性是指在相同的环境条件和冻存条件下，不同品种或相同品种的不同个体之间精液冷冻保存效率存在相当大的差异，表现为某些个体的精子解冻后质量高，而某些个体始终很难达到合格的冻后质量。采用蛋白质组学和基因组学方法，对猪精子抗冻性的差异原因进行研究，发现并鉴定了多种抗冻性标记物。研究人员发现，在解冻后活力较低的公猪精子膜上 IgG 结合蛋白 Fc 片段和乳糖黏附蛋白表达较多；在解冻后活力较高的公猪精子膜上芳基硫酯酶 A 和 Factin capping 蛋白亚基 $\alpha 1$ 表达较多。由此可见，这些蛋白可作为公猪精子解冻后动力学参数的标记，可快速筛选出适用于制作冻精的公猪个体。

1.1.3.2 性控精子的应用

性控精子是基于 X 精子和 Y 精子携带的 DNA 含量不同的原理，将 X 精子、Y 精子分离的技术，它依据 Y 精子的染色体比较小，携带的 DNA 含量较少，而 X 精子的染色体相对偏大，携带的 DNA 含量也偏多。流式细胞仪分选法是目前唯一能够将 X 精子和 Y 精子分离比例达到 1∶9的方法，主要操作过程是先用细胞活性荧光染料（Hoechst 33342）对精子进行染色，染料穿入精子头部细胞膜与 DNA 结合，精细胞在激光下曝光表现出 2 种不同的荧光强度，即可由流式细胞仪识别并分离开（详情可参考本书第 8 章）。猪的性控精子最早于 1991 年开始研究，2009 年中国首例性别控制猪在广西诞生。近 30 年来，尽管不断更新设备、软件及试剂，但迄今为止猪的性控精子分离速度也仅为 0.2 亿～0.25 亿个/h，主要原因是猪的 X 精子和 Y 精子之间 DNA 含量的差异只有 3.6%，分辨难度远大于牛的精子；而且猪精子在进行分离处理过程中更容易受稀释、染色、挤压、激光照射等处理的损伤。猪是多胎动物，与牛、羊等家畜相比，从输精部位到受精部位的距离较长，阻碍更多，故一次配种需要的总精子数较牛、羊等其他家畜多，因此猪的性控精液仅适用于低剂量的授精/或腹腔镜的输卵管授精。

猪性控精液进行冷冻保存能更大限度地发挥其应用价值。但猪冷冻性控精液的生产应用还有很长的路要走，首先要解决性控精液的分选速度，其次是其冷冻技术的提高。

1.1.3.3 无抗稀释液的开发应用

精液可能会因公猪生殖道感染而受到污染，或在收集和处理精液的过程中受到污染。尽管按照安全卫生标准操作，仍不能避免精液被细菌污染的问题。Maroto 等（2010）确定 75%的分析样本至少被一种细菌污染，大肠杆菌是最常见的。精浆中的营养物质、精液稀释液或冷冻稀释液中的葡萄糖等营养物质是促进细菌增殖的主要因素。细菌污染会对体外保存精子的运动性能和后续的穿卵能力产生有害影响，还会损害母猪的生殖功能，导致母猪生殖能力降低。此外，细菌污染还会增加精子凝集、顶体受损及运动性降低等方面的问题。因此，不同用途的精液稀释液中均需要添加抗菌物质。目前，猪精液稀释液中主要添加抗生素来杀菌抑菌，但随着抗生素滥用引发的诸如药物残留、细菌耐药性及环境污染等问题越来越受到重视，减抗、限抗已成为畜牧业的发展主题。因此，迫切需要寻找替代抗生素的抗菌物质用于精液的体外保存。已有学者将聚维酮碘溶液作为抑菌剂用来替代猪精液稀释液中的抗生素。因为聚维酮碘溶液以低毒性的络合碘形态存在并且可以解聚成游离的碘，具有广谱杀菌的作用。双乙酸钠和曲酸也被研究人员尝试用作猪的精液稀释液的抗生素替代品，并取得良好的效果。另外，抗菌肽的应用也是一种不错的替抗选择。

1.1.3.4 非卵黄抗冻成分的开发应用

卵黄是猪精液冷冻保护稀释液中使用最多的抗冻成分，可以保护精子免受冷休克。但蛋黄成分复杂且易受微生物污染，存在很大的生物安全风险，含有卵黄的精液在显微镜检查时视野清晰度会受到严重影响。因此在猪的冻精制作中迫切需要开发新的抗冻物质以替代卵黄。

抗冻蛋白(antifreeze proteins, AFPs)是在极地的鱼类中发现的一类抗冻物质，它能够与极地鱼体内的冰晶结合，抑制冰晶生长，从而使极地鱼类能够在冰点以下的低温环境中生存。AFPs已被作为一种冷冻保护剂用于低温保存生殖细胞和胚胎等生物样品。有研究表明，AFPs具有阻断细胞膜离子通道的能力，添加AFPs可有效抑制猪颗粒细胞钙离子通道和钾离子通道，从而在低温下提高细胞的存活率。但也有研究认为，AFPs的添加会破坏细胞膜的完整性。

大豆卵磷脂富含卵磷脂和低密度脂蛋白(LDL)，已证实大豆卵磷脂和卵黄一样具有防止动物精子在冻融过程中冷休克的成分，可以替代卵黄应用于动物精液冷冻保存。大豆卵磷脂不仅成分确定，且易规模化生产。然而大豆卵磷脂易氧化且亲水性不强，导致其难溶于稀释液中，一般须借助超声波振荡来促进溶解，但溶液中依旧会存有不溶性大颗粒；另外大豆卵磷脂不耐高温，50 ℃以上环境中，本身活性会逐渐破坏及丧失。采用高压均质技术处理，可使大豆卵磷脂溶液内颗粒直径减小，溶液黏度降低，并提高溶液的溶解性和稳定性。张德福等用高压均质技术处理后的大豆卵磷脂溶液替代鸡蛋卵黄进行猪精液冷冻，获得较好的精子冻后质量、功能完整性和抗氧化能力，同时他们发现当高压均质大豆卵磷脂浓度为5%时对猪精液冷冻保存效果最好。

1.2 猪精液冷冻保存的意义

1.2.1 提高优良公猪的种质利用效率

常温精液人工授精，会造成多余精液的极大浪费，优秀种公猪价值难以得到充分发挥，冻精则可以毫不浪费地全部保存精液。将闲置精液制成备份冻精，既可减少备份公猪站的建设，又可以作为战略储备，平衡跨越时空的大批量调运，实现快速扩繁的配种需要。据了解，四川天兆猪业从2009年开始使用猪冻精，至今已配种数万剂近万头母猪，最高窝产仔数达14头。湖北襄大集团2018年冻精配种7 800头，受胎率和产仔数均接近常温精液生产水平，近日已自建冻精实验室，并开始大量生产商品代猪冻精。

1.2.2 保存优良公猪的遗传资源，缩短育种世代间隔

张勤教授认为，如果公猪使用数量由100头降低为20头，可望在扩繁场或商品场提高遗传进展约30%（采用100头公猪进行对比）。将经遗传评估和后裔测定等方式发掘出的优秀的“顶尖”公猪的精液制作冻精，可有效延长优秀公猪的种用年限、扩大后代群体及增强场间交流。由于使用“顶尖”公猪的冻精，不但可以减少种公猪的数量，还可以保证种公猪精液的质量，故有可能最大限度地降低公猪留种率和提高选留时的淘汰率，大大提高公猪的选择差（即大大提高公猪群的优良程度），从而加大了选择强度，这必然加快改良速度。在对冻精公猪的后裔进行测定时，可提高受测公猪育种值估计的准确性。随着冻精公猪子女头数的增多，估计的准确性更加提高，从而加快改良速度。另外，使用顶级公猪的精液配种的猪群要比一般的人工授精公猪配种的猪群更易提高年更新率，从而缩短世代间隔，加大年遗传进展。

1.2.3 保存中国地方猪品种遗传资源

中国地方猪遗传资源具有抗逆性强、耐粗饲、繁殖率高、肉质优良等特性。2016年农业部发布了《全国畜禽遗传资源保护和利用“十三五”规划》，并于2019年6月制定了《国家级地方猪遗传材料采集保存工作实施方案》，要求2019年完成61个国家级保种场、保护区内42个国家级地方猪精液采集制作冻精保存工作，以应对非洲猪瘟疫情对地方猪遗传资源的严重威胁，维护地方猪遗传资源的系统性和完整性。目前国家家畜基因库已经采集制作了12个地方猪种冻精25万份，冻精保种技术已趋于成熟。

经过近20年的遗传改良育种，我国已育成苏太猪、上海白猪、北京黑猪等40

多个新品种或品系。面对非洲猪瘟肆虐的严峻形势，北京养猪育种中心、广东壹号土猪、湖南佳和等种猪企业纷纷开展了冻精保种以保障育种成果持续发展，避免发生疫情后多年育种心血付之一炬。

1.2.4　应对种猪精液远距离、长时间流转问题

冻精引种比活体引种更安全、经济、便捷。2011 年农业部发布了《种猪及冷冻精液进口技术要求（试行）》，并从英国引进大量猪冻精进行品种改良。2019 年 9 月 26 日，在河南省畜牧总站召开的猪冻精研讨会上，鑫欣牧业表示多年没有引进活体，自 2003 年开始引进美国和加拿大猪冻精用于更新血统，种群质量逐年提高，其冻精解冻活力、受胎率、产仔数以及后代适应性等指标均接近常温精液水平。冻精的永久保存，让选配更及时、更方便。

1.2.5　应对季节性精液短缺问题

在养猪生产中，夏季高温天气对种猪精液的质量影响大，通常会出现精液供给短缺的问题。而在春秋两季，种公猪站常会出现常温精液产能过剩而浪费问题，使优秀种公猪价值难以得到充分发挥。将优秀种公猪在春秋两季配种需求之外的剩余精液冻存起来，到夏季精液质量和数量都不足的时候用来配种，可以应对季节性精液短缺问题，并提高优秀种公猪的利用价值。

1.2.6　提高生物安全防控

自非洲猪瘟暴发以来，生猪产业受到了严重影响，生物安全防控级别一再提高。传统的活体引种方式受到严格限制，特别是跨省的远距离引种。猪常温精液具有经济、使用方便的特点，是目前应用广泛的场间交流和引种方式，但常温精液保存时间只有 5～7 d，远距离运输条件比较苛刻。最重要的是非洲猪瘟病毒潜伏期长达 4～19 d，最长可至 21 d，常温精液是否携带细菌和病毒无法确定，会给猪场带来巨大的生物安全风险。公猪冻精为疾病检测提供了足够的时间，可以在全面完成各种质量检测（包括细菌和病毒等）后再开始应用，为严格的生物安全提供了保障。另外，冻精还能为大型的猪场暴发疾病时提供安全稳定的精液供应。

1.3　我国猪精液冷冻保存技术发展中存在的问题

1.3.1　猪精液冷冻损伤机理研究不足

猪精子的冷冻-解冻复苏是一个复杂的过程，会对精子造成不同程度的损伤。

精子的冷冻损伤包括物理损伤、化学损伤和自身氧化损伤三类，这些损伤贯穿整个冷冻-解冻过程。目前，在冷冻程序上，通过程序降温仪可有效控制降温速度和解冻速度，在一定程度上有效降低物理冰晶对精子的损伤；而冷冻保护剂的不断改进，使冷冻过程中精子受到的化学性损伤也在逐渐改善。但猪精液的冷冻-解冻损伤机理还未完全弄清楚，进而限制了猪精液冷冻保存技术的进一步发展。

近年来，蛋白组学和基因组学研究已发展成生命科学领域的新技术，将这些方法用于精子损伤机理研究，尤其是冷冻过程中大分子蛋白质损伤和基因表达变化的研究，可望进一步揭示精子冷冻损伤的机理及提高精子的冷冻保存效率，加速推动猪精液冷冻保存技术进展。

1.3.2 温控条件参差不齐

猪精液冷冻工艺流程有 12 个技术环节涉及温度条件：原精液活力检测→原精液稀释自然降至室温→转入恒温箱（17 ℃）中恒温保存→17 ℃ 环境条件离心→弃上清液、等温添加无甘油稀释液→置低温柜（3～5 ℃）降温、平衡→平衡温度下添加含甘油稀释液→平衡温度下封装细管精液→置入冷冻程序仪器进行精液冷冻→细管冻精分装保存→细管冻精解冻→解冻后精子活率质量检测分析。在这个工艺流程中涉及的温控设备有空调、显微镜恒温台、17 ℃恒温箱、温控离心机、4 ℃低温操作柜、程序冷冻仪、细管分装仪、恒温水浴锅等。配齐一套完整的设备，需要配备专门的实验室，且设备采购费用高昂，一般养猪企业难以实现。仅少数企业或单位具备冻精的制作条件，限制了猪冻精在实际生产中的推广应用。

1.3.3 供精公猪选择难度大

徐章龙在 1980 年对 23 头公猪精液耐冻性测试中发现，各个体间精液耐冻性差异很大，不同个体的冻精受胎率也有差异。他认为有必要测试公猪原精液的各项指标和耐冻性；而且解冻后的活力并不表示受胎率，要想提高猪冻精的质量和受胎率，需要对供精公猪精子的耐冻性和受胎率进行检测。但时至今日，关于供精公猪精子耐冻性检测和精子受胎能力检测的问题依然没有解决。目前仍采用大量的冷冻试验来筛选耐冻精子的供应体，而冻精受胎能力则需要对其多次配种结果分析才能获得。这些方法工作量大、耗时长，不适应商业化生产要求。希望在以后的研究中能找到相关的差异基因，研制出有效检测试剂盒，以提高冻精公猪的选择能力，扩大冻精的生产量。

1.3.4 冻精配种技术有待提高

据陈献欣报道，广西农垦永新畜牧集团有限公司于 2016 年分别在传统饲养方式和全程空气过滤模式的两种猪场开展冻精配种试验，将加拿大引进的精液在传统场输配母猪 51 头，配种产仔率 49.02%，窝产活仔数 7.48 头；在全程空气过滤场输配母猪 99 头，配种产仔率 69.70%，窝产活仔数 7.81 头。上海祥欣采用百均达的冻精在国家生猪核心育种场配种，配种分娩率高达 80.87%，窝产活仔数高达 9.75 头；而笔者采用百均达冻精在小规模商品猪养殖场配种，配种分娩率为 57.81%，窝产活仔数 8.3 头(数据未发表)。由此可见，冻精配种产仔成绩与猪场的饲养管理条件密切相关。对大多数硬件条件不过硬，饲养管理水平不够高的猪场，冻精要达到普通常温精液的生产成绩，还有很长的路要走。

虽然商业售卖的猪冻精解冻和稀释后仍具有较高的活力，但精子在冷冻-解冻过程中均遭受到不同程度的损伤，导致它在母猪生殖道的获能存活时间大大缩短，致使受胎率、配种产仔率及产活仔数等繁殖指标明显低于液态保存精液。

做好母猪的发情鉴定，准确判断母猪的排卵时间，是决定冻精配种成绩的关键因素之一。由于冷冻精子的天然缺陷，决定了它们在受精位置、存活时间方面不及常温保存的精子，把握好准确的输精时间至关重要，对配种员的发情鉴定技术和深部输精技术要求更高。有专家提出冻精的理想受精时间往往在母猪排卵前的 4～6 h 范围内，使用冻精配种的猪场应把母猪的发情鉴定次数由原来的 2 次/d 增加到 3 次/d(即早上 5:00，下午 1:00，晚上 9:00)，以提高冻配母猪的受胎率和窝产仔数。

1.3.5 冻精质量稳定性差，每次输配总精子数不好把握

猪冻精作为一种特殊的生物产品，其质量影响因素诸多，质量极易出现波动，精液冷冻过程中任何一个关键技术环节上的失误均可导致全过程的失败。即使来自同一头供体公猪的精液由同一个人冻存，不同采精批次，不同的人解冻操作，都会出现差异性的结果。面对这种情况，在精液解冻后，输配前质量评定及输配精液数量的把握至关重要。前人的研究结果表明，冻精输配时，有效精子数量越多，配种产仔率和受胎率越高。

1.3.6 对母猪的胎次和健康状况要求高，不被普通猪场接受

从几十年冻精配种经验得知，采用冻精配种对母猪的胎次和健康状况要求都很高。一般要选择 3～5 胎的经产母猪，且要求这些母猪在断奶后 4～6 d 能正常发情。这样的母猪冻配后才能获得较高的受胎率和窝产仔数。但在实际生产中，这类母猪在普通条件的猪场是提高生产成绩的中坚力量，通常采用常温精液配种，它们的受胎率能达到 90%以上，窝产活仔数超过 12 头。如此大的差距，是普通生产场不能接受的。因此，冻精在全国范围内大面积推广，还很困难。

1.3.7 缺少相关的技术标准，很难对冻精质量进行标准化评价

2017年河北省质量技术监督局发布《猪冷冻精液》(DB 13/T 2633—2017)的河北省地方标准，这是我国第一个关于猪冻精产品要求的标准。目前，全国多个地区或单位均在开展猪冻精标准的起草和研究。DB 13/T 2633—2017 标准规定了供精公猪的来源要求和原精质量的要求，同时也规定了冻精产品的剂型、外观、解冻后精子的活力、直线前进运动精子数、畸形率及精液中细菌数等与常温精液类似的指标。但冻精经过冷冻-解冻损伤后，与精子运动能力和受精能力密切相关的质膜、顶体、线粒体膜等系统受到不同程度的损伤，常温精液的评价标准已不太能适用于冷冻精子，所以还需要继续加强对冷冻精子质量评价方法的研究，找出操作简便，重复性好的评价方法，客观评定冻精质量的标准。

思考题

1. 性控精子是如何获得的？猪的性控精子能否用于常规输精？
2. 猪冷冻精液在应对季节性精液短缺问题中起何作用？
3. 猪精液冷冻保存的意义有哪些？
4. 我国猪精液冷冻保存技术发展中存在哪些问题？

猪精子的生物学特性

【本章提要】猪精子由睾丸产生，在附睾内成熟，与性腺分泌物混合后形成精液，具有向浊性、向逆性、等渗性、感温特性、弱碱性等多种理化特性，存活时间受温度、光照、酸碱环境(pH)、渗透压等多种因素影响。

2.1　猪精子的发生

2.1.1　猪精子发生与成熟的器官

精子发生是一个复杂的过程，包括精原细胞的增殖分裂、精母细胞的减数分裂、精子细胞分化成为精子。从精原细胞的增殖分裂到精子细胞分化为精子的过程都是在公猪睾丸中完成的，而精子的成熟则是在附睾中实现。

2.1.1.1　精子发生器官——睾丸

公猪的睾丸成对位于肛门下方的阴囊内，呈长卵圆形，其长轴倾斜，前高后低。睾丸的表面为浆膜，其下为致密结缔组织构成的睾丸白膜。白膜从附睾头伸入睾丸实质，形成睾丸纵隔。由它向四周发出许多放射状结缔组织小梁直达四周白膜，称为睾丸中隔。它将睾丸实质分成许多(100～300个)近锥形的睾丸小叶。每个小叶由2～3条曲细精管盘曲构成。睾丸小叶内的精细管之间有疏松结缔组织构成的间质，内含血管、淋巴管、神经和分散的细胞群，后者称为间质细胞。间质细胞分泌的雄激素(睾酮)能激发公猪的性欲和性行为，刺激产生第二性征，促进生殖器官和副性腺的发育，维持精子发生及附睾精子的存活。曲细精管在各小叶的尖端各自汇合成直细精管。直细精管穿入睾丸纵隔结缔组织内，形成睾丸网，最后由睾丸网分出10～30条的睾丸输出管，形成附睾头。

睾丸和附睾结构模式如图 2-1 所示。

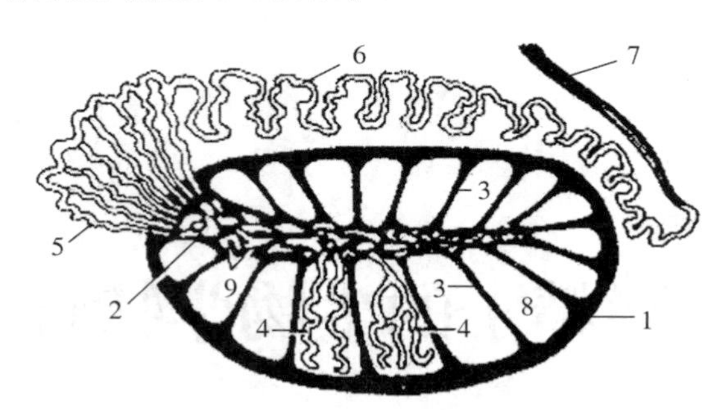

图 2-1　睾丸和附睾结构模式图

1. 白膜　2. 睾丸纵隔　3. 睾丸中隔　4. 曲细精管　5. 睾丸输出管　6. 附睾管　7. 输精管　8. 睾丸小叶　9. 睾丸网

2.1.1.2　精子成熟器官——附睾

附睾附着于睾丸的附着缘，由头、体、尾三部分组成。附睾头由 13～20 条睾丸输出管盘曲而成，然后沿着附睾缘延伸为细长的附睾管，在睾丸的尾部扩张形成附睾尾。附睾管极度弯曲，其长度 12～18 m，管腔直径 0.1～0.3 mm，管道逐渐变大，最后过渡为输精管。

附睾是精子成熟的最后场所，刚进入附睾头的精子还未完全成熟，颈部带有原生质小滴，活动微弱，受精能力很低。精子在通过附睾管的过程中，原生质小滴向尾部末端移行，精子逐渐成熟，并获得向前直线运动以及受精的能力。精子在极度迂回盘曲的附睾管内要停留 2～3 周，并逐步在附睾管壁平滑肌的收缩和上皮细胞纤毛的摆动作用下从附睾头运送至附睾尾部贮存。

附睾管上皮的分泌作用和附睾中的弱酸性（pH 6.2～6.8）、高渗透压（400 mosm）、较低温度和厌氧的环境，使精子代谢维持在一个较低的水平。在附睾内贮存的精子数通常情况下为 2 000 亿个，其中 70%贮存在附睾尾。在附睾内贮存的精子，60 d 内具有受精能力。如贮存过久，则活力降低、畸形及死精子增加，最后死亡被吸收。

附睾头和附睾体的上皮细胞具有吸收功能，可将来自睾丸较稀薄精液中的水分和电解质吸收，导致附睾尾中精子浓度大大升高。输精管在接近前列腺时扩大而形成输精管壶腹，来自附睾的成熟精子暂时贮存在这里。

2.1.2　精原细胞和精子细胞的形成

2.1.2.1　精原细胞的增殖

1. 精原细胞的种类

精原细胞由原始生殖细胞分化而来，位于曲细精管上皮的最外层，紧贴曲细精管基底膜，是睾丸中最“年轻”的一类生精细胞。根据细胞的形态、大小、位置、核及核仁的特点，精原细胞可分为A型精原细胞、中间型精原细胞和B型精原细胞三种类型（图2-2）。

（1）A型精原细胞。紧贴基底膜，呈椭圆形，形态较大，细胞质少，核内染色质均匀。A型精原细胞分为两类：一类仍保持精原干细胞的特征进行有丝分裂，成为长期精子发生的“源泉”，定义为A0型精原细胞；另一类子代细胞则进入分化途径，经过4次有丝分裂，逐级分裂为A1、A2、A3、A4型精原细胞。

（2）中间型精原细胞。由A4型精原细胞分化形成，该类细胞呈圆形，位于曲细精管基底膜，体积较大，核染色着色浅，具有1个或者2个核仁，在胞质中不存在糖原，可通过有丝分裂方式继续进行分裂形成B型精原细胞，成为精母细胞的前体细胞。

（3）B型精原细胞。精原细胞的最后阶段，其具有圆形的细胞核和不规则的核仁，细胞较小，与基底膜分离，可继续发生有丝分裂，最终形成初级精母细胞。

2.精原细胞的更新

公猪的睾丸之所以能源源不断地产生精子，主要是因为具有自我更新能力的精原细胞（即A0型精原细胞）的存在。最早由原始生殖细胞分化而来的精原细胞通过有丝分裂产生具有精原干细胞特征的A0型精原细胞和能分化为精子的A1型精原细胞。A0型精原细胞不进入精子发生周期，在完成有丝分裂后回到曲细精管的基底层，继续作为原始精原干细胞，保持有丝分裂的能力，在下一个精子发生周期开始前一直处于静止状态。这些细胞的存在确保了在给定的时间内，曲细精管中含有恒定数量的未分化精原干细胞。

3.精原细胞的形成过程

A1型精原细胞经6次连续的有丝分裂，即A1型精原细胞（1个）、A2型精原细胞（2个）、A3型精原细胞（4个）、A4型精原细胞（8个）、中间精原细胞（16个）、B型精原细胞（32个）、初级精母细胞（64个），理论上可形成64个初级精母细胞（前细线期精母细胞）。精子的形成过程模式如图2-2所示。

2.1.2.2　精子细胞的形成

初级精母细胞类似于B型精原细胞，其细胞核呈圆形，具有不规则的核仁，细胞内含有完成DNA复制、转录、翻译和细胞成熟分裂所必需的蛋白质和各种酶类。初级精母细胞完成染色体复制后，经第一次减数分裂，形成2个次级精母细胞，其体积比初级精母细胞小，细胞及细胞核均为圆形，核内染色质呈细网状，着色较浅，细胞质较少，染色体数目减半。次级精母细胞存在的时间较短，不进行DNA复制，每条染色体的着丝粒断裂，染色单体分别移向细胞两极，完成第二次减数分裂，形成两个圆形的单倍体精子细胞，其细胞核圆形，着色较深，细胞质少，内含丰

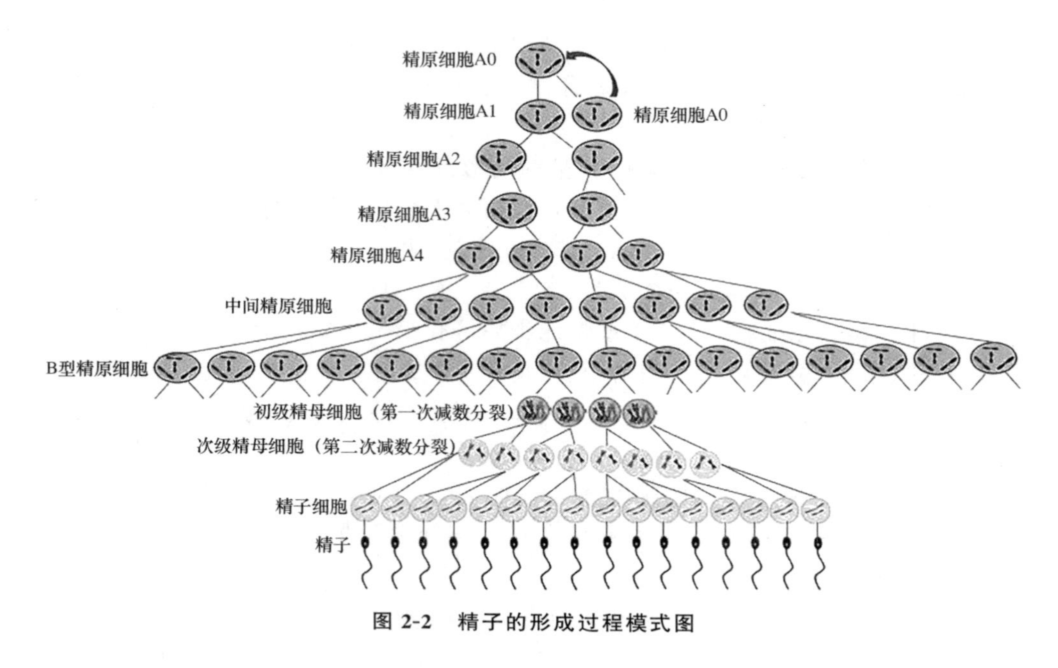

图 2-2　精子的形成过程模式图

富的线粒体和高尔基体。精子细胞不再进行分裂，而进入一个复杂有序的形态变形过程，形成具有头、颈、尾结构的精子。

理论上每个 A1 型精原细胞最终可形成 256 个基因型唯一的单倍体圆形精子细胞。但在实际中，在精原细胞和减数分裂阶段，超过 50％的生殖细胞在精子发生过程中由于凋亡而消失。

2.1.2.3　产生的精原细胞和精子细胞的组织

曲细精管是精原细胞和精子细胞产生的组织，占睾丸总体积的 60％～80％，其管腔外径 0.1～0.3 mm，内径约 0.08 mm。曲细精管的管壁（从外向内）由结缔组织纤维、基膜和复层的生殖上皮等构成。公猪在出生时曲细精管还没有管腔，只有生精上皮中的生精细胞和支持细胞两类细胞，它们是在公猪胎儿期形成的。

生精细胞是一类能够生成精子的细胞，又被称为精原细胞。在生精上皮中，精原细胞要经过 6 次有丝分裂（不同阶段的精原细胞）和 2 次减数分裂（初级精母细胞和次级精母细胞）才能形成精子细胞。在精原细胞和精子细胞不断分裂的过程中，也逐渐由曲细精管的基底部向管腔方向移行。曲细精管组织结构图及模式图见图 2-3、图 2-4 所示。

支持细胞位于生精细胞的周围，它虽不直接参与精子发生的行列，但对精原细胞和精子细胞起支持和营养的作用，尤其是在精子变形过程中起重要作用。

精子细胞在临近管腔位置开始变形，长出尾部，形成精子。当精子在曲细精管中形成后，从睾丸支持细胞上脱落下来进入曲细精管的管腔内，随着支持细胞分泌的睾丸网液进入直细精管，通过睾丸网的网状管，经睾丸网后上部发出的输出小管进入附睾。猪每克睾丸组织每天能够产生 2 400 万～3 100 万个精子。

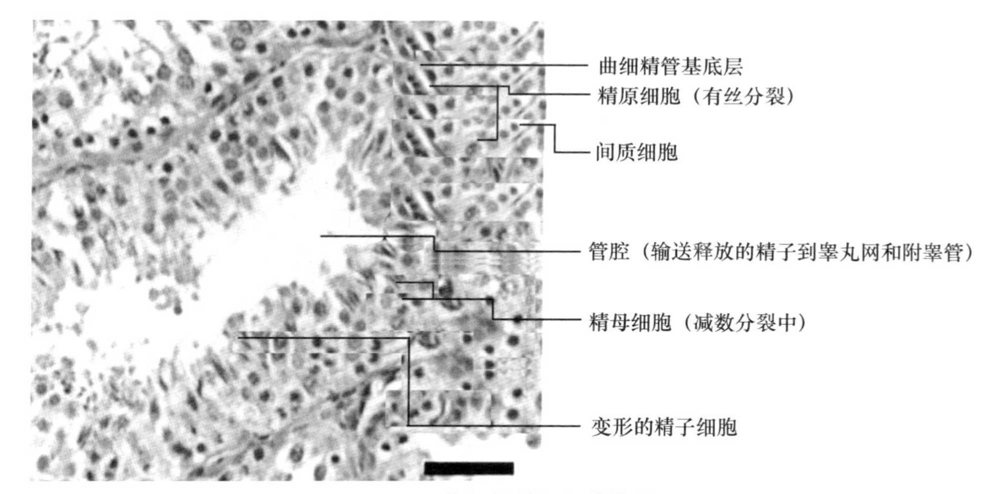

图 2-3　曲细精管组织结构图
（横切面，Gadella BM，等. 2015）

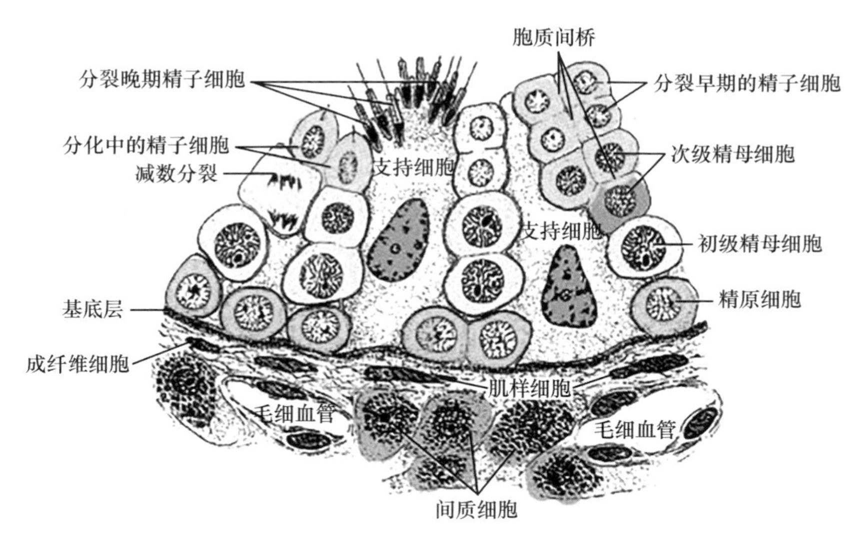

图 2-4　曲细精管结构模式图
（Ganong，WF，等. 1999）

2.1.2.4　精子发生周期

精子在睾丸内形成的全部过程称为精子的发生。从精原细胞启动有丝分裂开始，经过分裂、生长、成熟、变形，最后形成精子的过程称为精子的发生周期。猪的精子发生周期为 34～45 d。

精子发生周期具有连续性和同步性的特点。连续性是指在一个精子序列完成之前，隔一定时期在曲细精管的同一部位会连续出现数个新的精子生成序列，而不是一个精子发生周期结束后再开启第二个精子发生周期。从 A1 型精原细胞分裂开始，在以后的精细胞分裂过程中，细胞质的分裂是不完全的。多个细胞形成合胞体，细胞之间通过细胞质桥连接。细胞质桥把来源于同一个精原细胞的同族细胞联成一个整体细胞群，它们通过胞质传递信息而同步发育。细胞群在分裂过程中不断增大且远离曲精细胞的基膜，接近管腔。精子细胞位于管腔的边缘，在此处因细胞质不断浓缩而失去他们之间的细胞质连接，分化成为精子。这群精子同步形成进入曲细精管腔内。

2.1.2.5 精细管上皮周期

曲细精管中不同发育阶段的细胞群具有周期性，即精细管上皮周期，是指在精子发生过程中，精细管上皮的一定部位重复出现相同类型的细胞组合的间隔时间。猪的精细管上皮周期一般为 8.6 d。

精细管上皮周期远远短于精子发生周期，根据时间计算，在一个精子发生周期中，精细管上皮可发生 4～5 个精细管上皮周期。

2.1.3 精子的变形与成熟

次级精母细胞经第二次减数分裂形成圆形精子细胞后，随即会发生形态变化，成为完整形态的精子细胞。这一过程极为复杂，主要是细胞核和细胞器发生急剧变化。精子的变形与成熟过程(图 2-5)主要包括以下几个步骤。

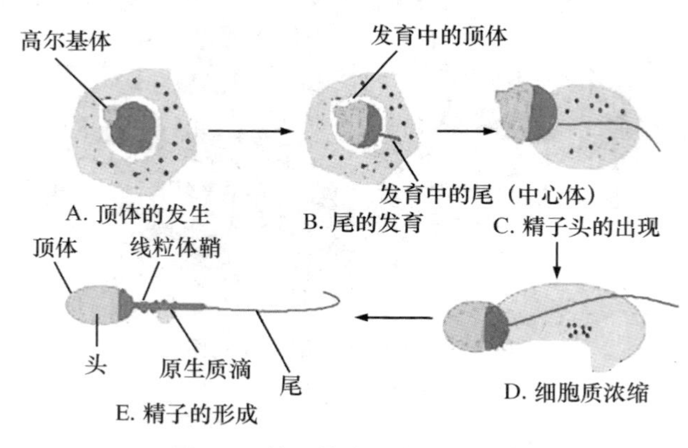

图 2-5　精子的变形与成熟过程

2.1.3.1　精子细胞核的浓缩

在精子变形的过程中，精子细胞核的大部分组蛋白被鱼精蛋白替换，组蛋白和其他蛋白质仅占约 15%，且这些蛋白主要位于细胞核的外周部位。鱼精蛋白与 DNA 进一步紧密结合，且鱼精蛋白内及鱼精蛋白分子之间的结合巯基逐渐被氧化为二硫键，使精子核凝集程度不断增强，成熟精子核的体积仅为体细胞核的 5%～10%。精子核的高度凝集有利于保护遗传物质（DNA）的完整性和准确性，使其能在经历储存、射出、游动、受精等过程后，仍能完整、准确地将遗传物质传递给下一代。精子核的成熟度可以用精子染色质结构分析（SCSA）、精子核染色质解聚实验、透射电子显微镜、苯胺蓝染色、色霉素 A3 染色、精子核蛋白提取定量等方法进行检测。

2.1.3.2　精子顶体的形成

精子的顶体是一个覆盖于精子核前端的膜性帽状结构，顶体中含有许多水解酶类，如放射冠穿透酶、透明质酸酶、顶体素、蛋白酶、脂解酶、神经酰胺酶和磷酸酶等，其中以放射冠穿透酶、透明质酸酶及顶体素与受精关系最为密切。顶体是由精子细胞中的高尔基体小泡发育而来。在这个过程中，高尔基体的反式面朝向细胞核，其反式网络包围正在生长的顶体囊泡，顺式面朝向质膜，与体细胞中高尔基体的正常极性相反。

2.1.3.3　精子尾部的形成

在精子细胞核上端高尔基体变化为顶体的过程中，细胞内的中心粒一分为二并准确地移向细胞核的相反位置。近端中心粒位于核后端的凹陷中，在鞭毛发生时负责轴丝微管的集合，所以被认为是鞭毛运动的启动处。远端中心粒形成鞭毛的轴丝，不断延伸，然后逐渐退化消失，最终发育为精子的尾部。

线粒体则重新分布，围绕着轴丝形成螺旋形的线粒体鞘。线粒体鞘主要集中在精子的尾部，主要作用是为精子的运动提供能量。

2.1.3.4　原生质滴脱落

在猪的原精质量检测中常会发现很多精子尾部的不同部位存在原生质滴。精子原生质滴是生精细胞的残余胞质。在精子形成期，大部分生精细胞的残余胞质脱落并被支持细胞吞噬，但仍有很多精子有残留的胞质小滴。睾丸精子的胞质小滴位于精子中段的近端，接近精子头部。精子在极度迂回盘曲的附睾管内要停留 2～3 周，原生质滴即由颈部向终环不断移行，并在射精前后脱落，所以射出精液中精子的原生质滴数量大大减少。如果原生质滴在射精前后仍未脱落，将影响精子的功能，进而影响受精，在精液质量检测中被归于畸形精子。

2.1.4 精子发生到成熟需要的时间

在精子发生的过程中，生精细胞由曲细精管的基底部依次向管腔迁移，最后从曲细精管的支持细胞中脱落释放进入管腔内，需要经历1.5～2个月的时间，因此在理论上采精收集到的精子是2个月前由一群A型精原细胞发育而来的。猪精子从曲细精管进入附睾再排出体外，最快也需要9～12 d的时间。因此，如果某次采精获得精子质量不理想，首先要考虑两个月前公猪的健康状况。如需改善精液质量，也得在调整方案启动之日开始，2个月后才能见到调整的效果。

在同一个精子发生周期完成前，曲细精管管腔横截面上会出现不同发育阶段的生精细胞。当一群精子从曲细精管的支持细胞中脱落释放进入管腔内时，则另一群新的精子细胞将会重新向管腔迁移，大约8.8 d后再次进行释放。在公猪体内，一个精子发生周期中有4～5个不同发育阶段的精子细胞群同时在曲细精管的支持细胞上发育。这种高效的生精系统可以确保公猪每天能产生20亿个以上的精子细胞。值得注意的是，一头公猪每天能产生精子的数量与其睾丸的大小密切相关，存在较大的品种与个体差异，因而公猪的睾丸大小被作为种猪选留的一个重要指标。

结合精子发生周期和精细管上皮周期的时间间隔问题，生产上一般建议一周采精1～2次，以保证获得完全成熟的优质精子。

2.1.5 精子发生的内分泌和旁分泌调节

精子的发生受下丘脑-垂体-睾丸轴内分泌体系调节，通过一系列自上而下的正向调节和自下而上的负向调节维持精子的正常发生。此外，很多旁分泌因子也参与了精子的发生。

2.1.5.1 精子发生的内分泌调节

在垂体促性腺激素释放激素（gonadotropin-releasing hormone, GnRH）神经元的刺激下，垂体前叶释放促卵泡素（follicle stimulating hormone，FSH）和促黄体素（luteinizing hormone，LH）。LH可刺激公猪睾丸基膜外曲细精管间隙区的间质细胞分泌大量雄性类固醇激素睾酮，FSH关系到未成熟睾丸的发育，通过与支持细胞表面的受体结合，促使其分泌雄激素结合蛋白（androgen binding protein，ABP）。睾酮可以穿透睾丸血屏障，睾丸间质细胞和支持细胞将睾酮转化为其他雄激素和雌激素，导致血液循环中类固醇水平升高，睾酮对FSH和LH的释放起到负反馈作用。类固醇水平的增加抑制了下丘脑GnRH的释放，从而抑制了垂体LH的释放，造成睾丸间质细胞不再被刺激产生睾酮，进而类固醇水平将下降，从而导致刺激下丘脑释放GnRH，随后垂体释放LH，并诱导睾丸产生睾酮。这种负反馈环路导致血液循环和睾丸中激素水平的波动（周期为2～3 h）。综上所述，低类固醇水平诱导下丘脑释放 GnRH，除垂体释放 LH 外，FSH 也被释放，进而诱导支持细胞活性，从而在诱导精子发生过程中发挥重要作用。

类固醇激素以 2～3 h 为周期脉动性增加，支持细胞和生殖细胞控制着 LH 和 FSH 水平。在此基础上，支持细胞还产生两种肽类激素：抑制素和激活素，它们在内分泌中分别具有抑制和刺激垂体 FSH 释放的功能。然而，这两种肽类激素在旁分泌水平上具有镜像功能，因为抑制素刺激睾丸间质细胞，激活素抑制睾丸间质细胞。最后，在这个复杂的内分泌和旁分泌网络中刺激精子发生，垂体产生催乳素，催乳素刺激睾丸间质细胞在表面暴露出更多的 LH 受体，从而变得更受 LH 刺激产生睾酮。

支持细胞以及其与间质细胞旁分泌相互作用的激活和它们与下丘脑和垂体的内分泌相互作用都诱导了精原干细胞的有丝分裂周期的启动（公猪每 8.8 d 分裂一次）。

2.1.5.2 精子发生的旁分泌调节

细胞通过分泌某些因子作用于相邻细胞，从而调节其生长、分化和功能，这种调节称为旁分泌调节，该类调节系统也是精子发生调控的重要方式。

目前，已经发现多种生长因子以自分泌或旁分泌的方式参与调节睾丸发育和精子发生（图 2-6）。报道较多的因子包括转化生长因子（transforming growth factor，TGF）、胰岛素样生长因子（insulin like growth factor，IGF）、表皮生长因子（epidermal growth factor，EGF）和神经生长因子（nerve growth factor，NGF）。

（1）TGFα 主要在睾丸间质细胞中表达，而在支持细胞和生精细胞中表达较低，如果在支持细胞中表达异常上升可造成精子发生阻碍，TGFβ 在精子整个发育过程中在睾丸管周细胞和支持细胞中均有所表达，并且自青春期开始在支持细胞中表达显著上调，在睾丸中有序的时空表达说明其在精子发生过程中具有重要作用。

（2）IGF 对睾丸生长发育和精子发生至关重要，其成员 IGF1 可以提高 LH 与间质细胞的结合能力，促进 LH 对睾酮分泌的诱导能力，如果该基因发生突变将会造成睾丸体积的显著降低，造成精子发生率显著降低；IGF1 还可以促进减数分裂时细胞 DNA 的合成。

（3）正常生理状态下，EGF 在支持细胞和生精细胞中均处于低水平表达，而在睾丸病变条件下 EGF 表达上调，说明睾丸中 EGF 的低水平表达有利于精子发生。

（4）NGF 可能与减数分裂启动时 DFNA 合成相关；也有研究发现，生精细胞产生的 NGF 可调节支持细胞中 ABP 的表达。

（5）除了生长因子外，旁分泌调节因子抑制素（inhibin）和激活素（activin）对精子发生也具有重要作用。在 FSH 的作用下，支持细胞可分泌抑制素，从而抑制精原细胞和早期精母细胞中 DNA 的合成。抑制素含有 α 和 β 两个亚基，而两个 β 亚基的同源二聚体则称为新的调节因子——激活素。在未成年动物生精细胞和支持细胞的共培养体系中添加激活素可增加精原细胞 DNA 的合成和增殖。另外有研究发现，生精小管中白细胞介素 1 也随着精子发生周期进行周期性变化，说明也参与了精子发生。

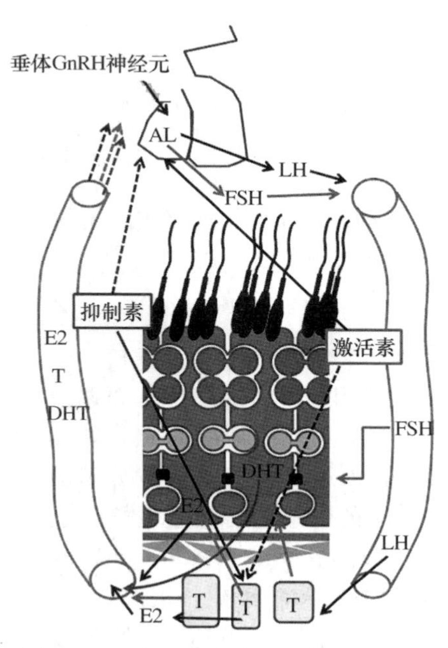

图 2-6　内分泌和旁分泌调节精子发生

（Gadella BM，et al.，2015）

虚线表示抑制，实线表示激活。间质细胞（黄色）产生睾酮（testosterone，T）和二羟睾酮（dihydroxytestosterone，DHT），并诱导支持细胞（蓝色大细胞）产生 DHT 和雌二醇（Estradiol，E2）。激素水平升高会抑制 GnRH 的释放在下丘脑。因此，垂体前叶（AL）中 FSH 和 LH 的释放并没有被抑制。LH 刺激支持细胞，FSH 刺激间质细胞，因此，这些 FSH 和 LH 水平的下降反过来降低了血液中的类固醇水平，并且在特定时刻 GnRH 的释放不再受到抑制。通过这个负反馈回路，GnRH 的脉冲释放引起 FSH 和 LH 的脉冲释放和 T 的延迟释放。除了类固醇，支持细胞分泌抑制素（inhibin）和激活素（activin）对睾丸间质细胞的作用与对垂体的作用相反（箭头）。红色为基膜，灰色为紧密连接，与浅棕色结合图示的肌样细胞和管旁细胞构成了血-睾丸屏障。圆形的蓝色细胞是精原细胞（在紧密连接处之外，因此在睾丸血屏障之外），绿色的精母细胞和深褐色圆形精子细胞和黑色伸长的精子细胞通过细胞质桥在睾丸血屏障内相互连接。

2.2　猪精子的形态结构和生理特性

2.2.1　猪精子的形态结构

猪的精子在形态上具有哺乳动物精子的一般特征，呈典型的蝌蚪状，分为头、颈、尾三大部分(图 2-7,图 2-8)。

2.2.1.1 头部

猪精子头部呈扁卵圆形,主要由细胞核、顶体和顶体后帽区构成,长约 8.5 μm。

1. 精子细胞核

精子头部的主要部分是细胞核,主要由 DNA 和核蛋白结合形成的染色质高度凝集而成。精子细胞核的体积远小于体细胞,与头部的形状一致,核染色均匀,是父本遗传物质的携带者,含有单倍体的常染色体和一个性染色体。

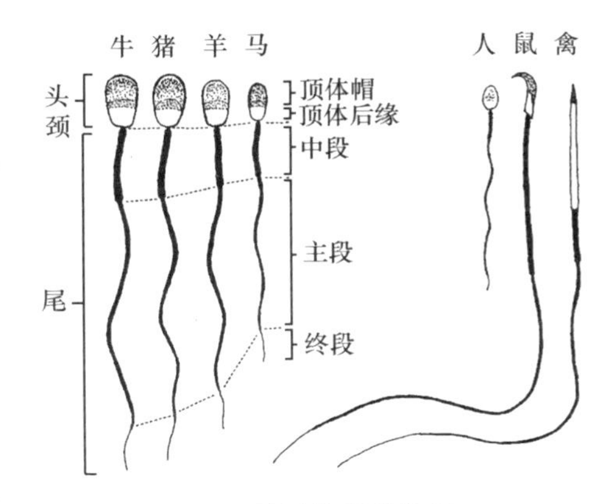

图 2-7 精子外观结构图

(杨利国,动物繁殖学,2003)

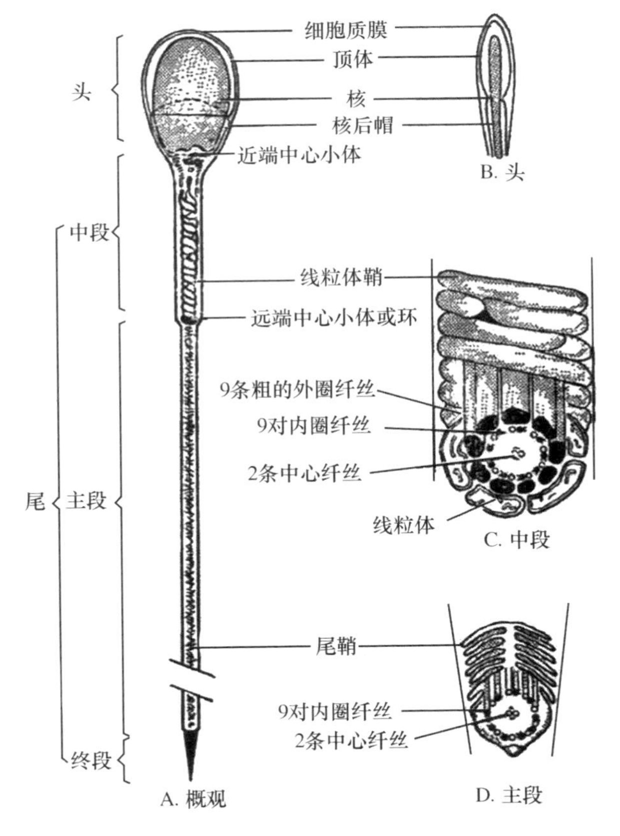

图 2-8 精子形态结构图

(郑友民,家畜精子形态图谱,2013)

2. 顶体

精子的顶体位于细胞核前端，是由外膜和内膜包裹形成的囊状结构，被覆于精子的头部，类似给精子戴上一个帽子，又被称为顶体帽。顶体外膜靠近精子质膜，内膜与核膜靠近。顶体内外膜平行排列，并在顶体后缘彼此相连。顶体内含有多种与受精相关的水解酶，当精子与卵子接触，顶体外膜与精子质膜融合，顶体内各种酶类的释放，融合卵母细胞外的多层结构，使精子完全进入卵子，完成受精。

3. 顶体后帽区

顶体后帽区即顶体后缘，该区域是细胞质特化为环状的一层薄的致密带。

2.2.1.2 颈部

精子颈部是连接精子头部和精子尾部的部分。颈部前端有一凸起的基板与核后帽区相连，基板之后是由中心小体发生而来的近端中心小体，与精子尾部长轴呈微斜或垂直排列。精子颈部长度约 0.5 μm，脆弱易断，因此在操作和冷冻过程中很容易受到损伤，从而影响精子活力和受精效果。

除了连接精子头和尾以外，颈的功能研究不多，但有研究发现定位于颈部的某些蛋白对精子的发生和精子的活力至关重要。

2.2.1.3 尾部

精子尾部是精子运动和代谢的器官，对精子运动到受精部位，完成受精至关重要。一般精子尾部长度为 40～50 μm，是精子最长的部分，可分为中段、主段和终段三部分。

中段处于精子颈部和终环之间，长 8～15 μm，较主段和终段显著粗大，由轴丝、致密纤维和线粒体鞘组成。轴丝由 2 条含有单微管蛋白的中心纤丝和其周围的 9 条粗的双微管纤丝组成。外层致密纤维通过颈部将尾部与精子头部进行连接，在外层致密纤维的外围包裹着 100～200 个线粒体。

主段位于终环（远端中心小体）和终段之间，长约 30 μm，是精子尾部最长的部分，由轴丝、致密纤维、纤维鞘和质膜组成。外层致密纤维被纤维鞘所覆盖，纤维鞘的两侧具有纵向柱状结构，而端部只有微管结构。

终段是精子尾部短小的终末部分，仅由轴丝外包细胞膜组成。

这种高度特化细胞的形成伴随着胞浆以特定的方式缩回，使得顶体、线粒体、外层致密纤维以及纤维鞘等元件按照最符合工程学的顺序进行排序。

2.2.2 猪精子的运动特性

精子是生物体内唯一能够进行自身运动的单倍体细胞，无论是在动物体内还是在外界适宜的温度条件下，精子都会通过其尾部的摆动来产生推动力，使其实现向前运动的能力。精子的运动分为直线前进运动、原地摆动和转圈运动 3 种类型，只有直线前进运动的精子才具有受精的能力。精子的运动具有向异性、向逆性、向化性的特征。

2.2.2.1　向异性

在精液或者稀释液中存在异物时，如胶体物质、上皮细胞、空气泡、卵黄颗粒等圆形或近圆形的物体，精子有向异物边沿运动的趋向，表现为其头部钉住异物做摆动运动。这种运动特性成就了精子具有能够在受精部位及时发现卵子并与卵子结合，完成穿卵的能力。

2.2.2.2　向逆性

在流动的液体中，精子表现为向逆流方向运动，并且随液体流速运动加快。在雌性动物生殖道中，由于发情时分泌物向外流动，所以，精子可逆流向输卵管方向运行。

2.2.2.3　向化性

精子具有向着某些化学物质运动的特性。雌性生殖道内存在某些特殊化学物质如激素、酶等，能吸引精子向生殖道上方运行。

2.2.3　猪精子的生理特性

2.2.3.1　等渗性

精子与周围环境如精清或稀释液保持基本等渗。如果精清或稀释液的渗透压高，易使精子本身的水分脱出，造成精子皱缩；如果精清或稀释液的渗透压低，水分则会渗入精子，造成精子膨胀。精子对渗透压有逐渐适应的能力，这是通过细胞膜使精子内外渗透压缓慢趋于平衡的结果，但这种适应性有一定的限度。

2.2.3.2　感温特性

高于体温，精子的代谢和活力增强，能量消耗加快，促使精子在短时间内死亡。低温使精子的代谢能力降低，活力减弱。将新鲜精液快速从体温降到 10 ℃以下时，精子将不可逆地失去活力，这种现象称为冷休克，其原因是精子细胞膜受到破坏，造成内容物漏出，导致精子渗透压增加，从而产生结构和活动力不可逆的损害。但在有冷冻保护剂存在的条件下将精液的温度缓慢下降至 4 ℃对精子的存活力没有不良影响。

2.2.3.3　酸碱耐受性

在附睾内，精子的生存环境为弱酸性，精子呈现休眠状态。猪最初射出的精液为碱性，其后精子浓度较高的那部分精液则偏酸性，新采出的猪精液 pH 为 7.3～7.9。精液 pH 的变化主要与副性腺分泌物相关，而副性腺分泌物又受很多因素影响。精液 pH 的高低影响精液的品质，pH 偏低的精液质量较高，pH 偏高的精液中的精子受精力、活力、保存效果等显著降低。因此，测定精液的 pH 对鉴定精液的品质具有重要意义。

2.3 猪精液的化学成分和生理特性

2.3.1 猪精液的组成

猪的精液是由精子和精清两部分组成的细胞悬液。精清构成精液的液体部分，主要来自精囊腺、前列腺、尿道球腺等副性腺分泌物，还有少量的睾丸液和附睾液，是在射精时产生的。

2.3.1.1 精子

精子在猪的精液中占比不足 1%，是传递父源遗传物质的载体，依赖精清存活。

2.3.1.2 副性腺分泌物

精囊腺分泌物占 20%，前列腺及其他腺体分泌物共占 60%以上。

2.3.1.3 猪精液中的胶状物

精液中的胶状物主要来自尿道球腺，占精液总量的 15%以上，是猪精液中所独有的成分，主要是在自然交配时起堵塞子宫颈，防止精液倒流的作用。但在人工收集精液的过程中，胶状物是导致精子结团的主要异物，对精液的常温保存和冷冻保存均有不利影响，因此在采集精液时，须将其过滤去除。通常采精时先在集精杯口固定 1～2 层滤纸，防止胶状物随精液一起进入精液中。

2.3.2 猪精清的化学成分

精清是猪的精子赖以存活的环境，自精子变形并脱离支持细胞进入曲细精管管腔起，精子就生活在精清中。睾丸内不同部位的精清成分和功能各有不同。本部分内容主要介绍射出公猪体外的精清。猪精清的化学组成很复杂，其中 90%～98%是水，2%～10%是干物质；而干物质中，60%是蛋白质，还包括脂类、糖类、无机盐、维生素等成分。

2.3.2.1 蛋白质

蛋白质是精清干物质的主要组分，约占精清干物质总量的 60%，而其中 75%～90%是肝素结合蛋白-精子黏附素。射精后在蛋白酶的作用下，精清中的蛋白质进行分解造成非蛋白氮和氨基酸累积，其中游离氨基酸是精子有氧代谢中氧化的底物，有利于合成核酸。猪精囊腺分泌物中的麦角硫，因可还原硫氧基，具有保护精子的作用。

精清中含有很多对蛋白质、脂类和糖类的分解和代谢起催化作用的酶类，如精子呼吸和糖酵解过程所必需的三磷酸腺苷酶。另外，精清中的多种蛋白能够与参与排卵过程的淋巴细胞相互作用，说明精清可能对排卵具有一定的影响。

2.3.2.2 脂类

精液中的脂类物质主要是磷脂，但精清中磷脂的含量只占精液中脂质总量的10%。精清中磷脂主要来源于前列腺，其中以卵磷脂为主，其与精子存活时间、精子的抗冻保护作用密切相关。精清中的胆碱及其衍生物甘油磷酰胆碱主要来源于附睾，它们不能直接被精子利用，当精子与雌性生殖道的分泌物接触时，在酶的作用下才成为精子的能源物质。

2.3.2.3 糖类

不同于反刍动物精清中的糖类以果糖为主，猪精清中只含有少量的果糖，因此在精液保存时精子更需要糖类供给。精清中还含有糖醇，以山梨醇和肌醇为代表，均来源于精囊腺。山梨醇可由果糖还原而成，肌醇在猪精清中含量特别多，它和柠檬酸一样均不能为精子所利用。

2.3.2.4 无机盐

阳离子以 K^+ 和 Na^+ 为主，精清中 K^+ 浓度低于精子，Na^+ 和 Ca^{2+} 浓度高于精子，精子与精清中各类离子的浓度差对维持精子的正常生命活动具有重要作用。用含 K^+ 和不含 K^+ 的溶液反复洗涤精子，结果显示在含 K^+ 的溶液中，精子的活力高；缺乏 K^+，精子很快就丧失活动能力。Na^+ 和柠檬酸结合，主要维持精液的渗透压。阴离子以 Cl^- 和 PO_4^{3-} 为主，也含有少量 HCO_3^-，主要用于维持精液的 pH。

2.3.2.5 维生素

精清中的维生素含量和种类与猪的营养相关，当用某些维生素含量丰富的饲料饲喂公猪时，精清中便能出现这些维生素，如出现黄色的精液可能与维生素 B_2 有关。精清中抗坏血酸的浓度较高，是其他维生素的数倍以上。这些维生素的存在与精子的活力和密度有关。

2.3.3 猪精清的功能

2.3.3.1 猪精清在自然受精中的功能

精清在受精过程中起着十分重要的作用，并与雄性个体的受精能力具有相关性。大多数精清蛋白在射精时附着在精子的头部，参与受精的各个过程。

1. 与精子的运动性能有关

精清中的某些蛋白质能够改变精子内的环磷酸腺苷(cAMP),从而影响精子的活力。锌-a2-糖蛋白(Zn-a2-glycoprotein, ZAG)和精子运动抑制蛋白Ⅱ(motility inhibiting factor, MIF-Ⅱ)相继被发现可以作用于cAMP信号通路,显著降低了精子内的cAMP浓度,抑制了精子向前运动的活力。

2. 与精子获能有关

在射精时,大部分精清蛋白附着在精子的头部,参与精子的一系列反应进程。相关研究结果表明,黏附在精子头部的多种精清蛋白在精子进行获能反应时发挥不可或缺的作用。由牛精囊分泌的牛精浆(bovine seminal plasma)蛋白在精子获能时发生不同程度的脱落,改变精子表面的蛋白构象,从而调节精子超活化反应;精囊蛋白因子PDC-109在获能期间结合在精子质膜表面,改变膜的通透性并影响获能反应的进行。另外,多种精清附着蛋白质也被证实与精子获能相关,如酸性骨桥蛋白(osteopontin)、SPINKI(a secreted serine protease inhibitor Kazal-type-like protein)和富含半胱氨酸分泌蛋白1(cysteine-rich secretary protein, CRISP1)等。相关精清蛋白因子的作用不仅决定精子的获能进程,也能影响个体的繁殖力。

3. 参与顶体反应

获能的精子穿过卵丘细胞层后,识别卵透明带蛋白ZP3,从而诱发精子顶体反应以助于绑定和穿入透明带。精子的顶体反应和透明带的穿透涉及精子表面的配体蛋白与透明带蛋白间的相互识别和结合。在此过程中更多的是精子内源性蛋白的参与,如肠相关淋巴组织(gut-associated lymphatic tissue)、上皮生长因子受体(epidermal growth factor receptor)、Testase1 和 Acrosin 等。但研究发现精清蛋白在这过程中也发挥着重要的作用。Capkova等发现精清黏附蛋白SABP与肌动蛋白结合后介导顶体反应的发生;随后附睾来源的蛋白质P14被发现在顶体反应时参与顶体膜的融合过程。乳凝集素(lactadherin)和AQN-3则被证实在顶体反应后协助精子绑定和结合透明带,以利于顶体复合酶对透明带的溶解,从而帮助精子顺利穿入透明带。

4. 促进精卵融合

精子在穿入透明带后进入到卵周间隙,此时精膜与卵膜间的相互作用可以促进精卵间的膜融合,有利于精子内的遗传物质进入卵细胞内。在精卵膜融合的过程中,附着于精子赤道区的附睾蛋白CRISP1与卵膜上的微丝相互作用,激发精卵间的膜进行融合。此外,精子头部的精清蛋白鞘脂激活蛋白原(prosaposin)在精子接触卵膜时能够激活卵子,使其与精膜逐渐发生融合。

总之,精清是精液的重要组成部分,其中的蛋白质对精子的活力、获能、顶体反应和精卵融合等受精过程中的反应至关重要。研究表明,某些精清蛋白的缺失或表达异常往往会影响整个受精过程。此外,个别的精清蛋白也被证实与家畜个体的受精能力相关。

2.3.3.2　猪精清对常温精液的影响

精清中细菌释放的内毒素脂多糖已被确定为可能损害公猪精子活力的因子之一,因为当其与精子表面存在的 Toll 样受体-4 结合时会破坏精子质膜的稳定性。

2.3.3.3　猪精清对冷冻精液的影响

精浆中何种成分对猪精子冷冻保存有害目前尚不清楚,有报道表明,通过透析去除低分子量蛋白质(12～14 kDa)可以提高冷冻保存效果。在冷冻稀释液中添加5%精清可提高解冻后精子的活力、质膜完整性和体外受精结果,这种有益作用可以通过抑制体外获能和肝素结合精浆蛋白引起的冷诱导获能来实现。

研究表明,在解冻液中添加精清对解冻后精子的活力和质膜完整性是有利的,再加上精浆对猪人工授精后的子宫内膜反应有积极影响,进而影响繁殖结果,可以考虑在冷冻解冻后的猪精液中添加一定比例的精清,尝试提高其繁殖性能。但也有相反的报道,因此需要进一步探索是否在解冻液中添加精清的问题。

2.4　影响猪精子在体外存活的主要因素

2.4.1　温度

体温是精子正常存活和运动的最佳温度。在一定范围内,随着温度升高,精子的活动力也增高,而存活时间缩短。精子活动的最适宜温度为 37～38 ℃。高于38 ℃可加速精子运动及代谢作用,促进能量消耗,导致精子在短时间内死亡;高于50 ℃,精子蛋白质会凝固而迅速死亡;而低于 37 ℃,精子的活动力及代谢活动将会受到抑制。当精子贮存于 17 ℃时,猪精子即进入休眠状态,有利于延长精子的存活时间。但精子贮存温度低于 15 ℃时,精子进入冷休克状态,造成不可逆的损伤。

2.4.2　光照和辐射

精子对光线照射十分敏感,紫外灯对精子有杀伤作用,可见光会增强精子的代谢,红外线可使精液升温。因此,精液需要避光保存。建议精液处理室应悬挂遮光窗帘,以防止日光直接照射精液。精液需要用深色器皿盛装,或存放于避光的保温箱里。

2.4.3　酸碱度

猪精子需要在弱碱环境中才能生存,在 pH 低于 7 的酸性溶液中,精子的运动性能受到抑制；相反，在 pH 高于 7 的碱性溶液中有使其活化的趋势。即精子的存活时间，在碱性环境中短，在酸性环境中长。但过酸或过碱环境下，精子迅速死亡。猪精子最适 pH 范围为 7.2～7.5。

2.4.4 渗透压

自然状态下，精子和精清处于等渗性环境，渗透压为 290～300 mOsm/kg。精子对渗透压的变化比较敏感，如果精子所处环境的渗透压高，易使精子细胞内的水分脱出，造成精子皱缩；如果渗透压低，则环境中的水会渗入精子细胞内，使精子膨胀。因此，精子不能与水（如自来水、矿泉水、蒸馏水等）直接接触，同时要求用来配制精液稀释液的水必须纯净，尽量不含杂质，最好采用双蒸水配置。大量的研究表明，精子在渗透压为 250～300 mOsm/kg 的稀释液中生存状态较好。

2.4.5 化学试剂

所有的消毒药液，例如强酸、强碱、酒精、各种金属氧化物，以及强烈的气味，如煤烟、烟卷味等，都对精子有害，应力求避免。而向精液或稀释液中加入适量抗生素、磺胺类药物，能抑制精液中微生物的繁殖，从而延长精子的存活时间。

2.4.6 振动

振动对精子的存活是不利的。经过振动的精子，其存活时间有缩短的趋势。所以，在精液稀释、运输和输精操作过程中，要尽可能避免振动。

思考题

1. 猪精原细胞如何完成自我更新进而生成精子？
2. 猪精子形态具有哪些特征？
3. 猪精子有哪些特性？
4. 精清对猪精液具有哪些影响？
5. 如何延长液态精子体外存活时间？

第3章 猪精子冷冻保存原理

【本章提要】精子的低温敏感性具体表现在膜渗透性和渗透压耐受性两方面，既便于冷冻保护剂渗入胞质内，又能抵挡一定浓度稀释液造成的高渗透压力，使细胞内水分最大限度地脱出胞外，从而减缓甚至停止细胞代谢活动，提高精子冷冻后存活概率。精子细胞内未完全脱出的水在低温下易形成冰晶，对精子的质膜、胞核和线粒体等造成损伤，直接降低解冻后的精子活力。通过优化组合冷冻保护剂、选用抗生素或抗菌肽及优化冷冻操作程序等，可以减少冰晶形成和提高复苏后的精子活力。

3.1 猪精子低温反应特性

3.1.1 低温敏感性

猪精子体积小，表面积大，极易受低温打击，致细胞不可逆损伤。精子质膜的脂质成分也是影响精子低温敏感性和冷冻耐受性的重要因素。猪精子质膜成分中，卵磷脂含量较牛低，降温易破坏精子质膜正常的流动性，而脑磷脂和鞘磷脂含量高于牛。猪精子质膜中多不饱和脂肪酸含量高于兔、犬、人等，多不饱和脂肪酸本身易氧化，加之冷冻过程中抗氧化酶类物质的大量损失，使猪精子更易遭受过氧化损伤，进而引起质膜的损伤。另外，猪精子膜上胆固醇与磷脂的比例也低于牛，且胆固醇的分布不均衡，尤其在外膜上含量较高，因而，内膜对冷休克敏感性更高。

3.1.2 渗透压耐受性

冷冻解冻过程中，细胞内外渗透压的剧烈变化与细胞损伤息息相关。细胞内冰晶形成和“溶液效应”(solution effects)是细胞冷冻损伤的主要因素。所谓“溶液效应”，是指在细胞冷冻保存时，由于细胞外液体中水分因温度下降而结冰，引起细胞外环境渗透压升高，细胞质中的自由水向胞外脱出，进而使细胞内环境发生改变，引起细胞蛋白质变性，酶系统失活，细胞受损。冷冻降温过程中，水分子穿过细胞膜也会造成细胞膜的损伤。猪精子具有一定的高渗透压耐受性，用420～580 mOsm/kg的高渗冷冻稀释液处理猪精子，解冻后精子活力显著高于低渗(225 mOsm/kg)和等渗(290 mOsm/kg)的冷冻稀释液处理的精子，其中420 mOsm/kg和510 mOsm/kg的冷冻稀释液处理组精子解冻后质膜完整性最高。在细胞冻结前，冷冻稀释液中高浓度的非渗透性冷冻保护剂可使细胞内水分充分渗出，可减少细胞内的冰晶形成，从而降低精子细胞的冷冻损伤。

3.1.3 膜渗透性

生物膜对小分子的跨膜渗透包括水、电解质和非电解质溶质。水分子和不带电荷的极性分子甘油跨膜运输是通过细胞膜上的水通道蛋白(aquaporin)实现的。猪精子膜渗透性可通过其在不同渗透压溶液作用下膜的完整性来检测。具体检测方法为：将双蒸水或3%(*w*/*v*)枸橼酸钠添加入Kortowo-3液中，配制成不同渗透压(150 mOsm/kg，250 mOsm/kg，350 mOsm/kg，450 mOsm/kg，550 mOsm/kg和1 120 mOsm/kg)稀释液，然后将精液按一定的比例加入其中。等渗(300 mOsm/kg)溶液中猪精子膜的完整率为75%，随着渗透压的增高(≥300 mOsm/kg)，精子膜的完整性逐渐降低，1 120 mOsm/kg渗透压下膜的完整率只有27.8%。当渗透压低于300 mOsm/kg时，膜的完整性也随着渗透压的降低而减少，150 mOsm/kg渗透压下膜的完整率仅为8.4%。

3.2 超低温冷冻损伤机理

3.2.1 冰晶与高浓度溶质对精子的危害

精子的冷冻保存是将精子置于超低温环境(−196 ℃的液氮或−79 ℃的干冰)中，使其代谢活动减慢甚至停止，以达到长期保存精子的目的。但是，低温条件下细胞内胞质和细胞外保护液中的水存在非平衡相变的问题，会引起细胞损伤，影响精子冷冻保存的效果。冷冻解冻过程中，当温度位于−60～−15 ℃，细胞所受危害最大，致死率最高。通常，降温至−5 ℃前，细胞内外溶液处于非冻结状态。温度位于−15～−5 ℃时，细胞外周液形成冰晶，但细胞内未冻结，处于过冷状态。由于水的化学势在过冷状态(细胞内)高于冻结状态(细胞外)，水从细胞内流向细胞外，并结冰。降温速度决定细胞内外的自由水是处于过冷状态还是冻结状态。

如果降温速率过快，细胞内水分来不及渗出胞外，即在细胞内迅速形成冰晶，对细胞器和细胞膜均可造成物理损伤。如果降温速率过慢，细胞内大部分水分渗出胞外，致胞内溶质浓缩。虽然避免了细胞内冰晶的形成，但过度脱水致细胞器和细胞膜体积极度皱缩，胞内溶质向固态转变。当细胞长时间处于高浓度溶质状态，可导致细胞质中的脂质-蛋白复合物及大分子物质变性、未冻结的离子通道变小，甚至会触发不可逆的膜融合。在这种高渗透压的应激作用下，细胞内的电解质平衡被打破，解冻时，精子细胞会吸水膨胀，吸水的速度过快且吸水量远超其正常状态时的体积，从而导致精子细胞破裂，造成另一种冷冻损伤。

尽管快速降温与慢速降温的机制不同，但均可引发细胞冷冻损伤。有人据此提出冷冻损伤“二因素理论”：一是快速降温引起细胞内自由水形成有害冰晶而损伤细胞；二是慢速降温引起细胞过度脱水，会导致细胞内溶质浓度过高而造成细胞损伤。不同细胞类型，最佳降温速率各有不同。为了获得最佳的冷冻保存效果，既要在慢速降温时防止细胞内冰晶的形成，又要在快速降温时尽量防止细胞内溶质浓度过高对细胞造成的损伤。

3.2.2 冷冻对精子的损伤

3.2.2.1 质膜

猪精子质膜富含不饱和磷脂，胆固醇含量较少，这是猪精子对冷休克呈高敏感的原因。当新鲜精液由体温快速降至 15 ℃以下时，精子受到冷打击，不可逆地失去活力而很快死亡，这种现象称为“精子冷休克”。这种冷休克包括：等于或低于 5 ℃的温度下，质膜失去原有稳定性而引起的剧烈反应，影响精子细胞内钙离子平衡和顶体的完整性，还会导致膜脂质紊乱。任何质膜都含有流动性的磷脂和起稳定作用的固醇（如胆固醇）。低温条件下，脂质会发生物理相变，即液相与凝胶相间的转化。胆固醇的存在可抑制脂质相变，但猪精子膜较低的胆固醇/磷脂比和胆固醇的不对称分布，使细胞对冷冻损伤更为敏感。因此，当温度低于 5 ℃，膜磷脂的横向运动受到限制，最终导致膜磷脂从液相到凝胶相转变。事实上，不同的膜脂质有不同的相变温度，一些不饱和磷脂比其他磷脂更早凝胶化，从而发生脂质相的分离。出现这种现象之后，完整的膜蛋白发生不可逆聚集，膜脂质重组，释放出一些胆固醇分子。这些结构改变使脂质和蛋白质的相互作用被破坏，一些蛋白质（如离子通道）被转移或失去功能，从而导致质膜不稳定，膜易丧失选择通透性。一些作者提出了冷冻致使精子获能或类似于获能变化的言论，因为这些变化所引发的事件与真正的精子获能类似，但又不完全相同。

可见，质膜组成对精子抗冻性起着至关重要的作用。根据 Waterhouse 等的研究，棕榈酸（16:0）、硬脂酸（18:0）、油酸（18:1，n-9）、二十二碳五烯酸（22:5，n-6）

和二十二碳六烯酸(DHA，22:6,n-3)是猪精子质膜中含量最丰富的脂肪酸。当长链多不饱和脂肪酸(如二十二碳五烯酸和DHA)含量增加时，精子对冻融过程的耐受性更强。此外，Martínez-Pastorf等也曾报道，人精子膜中DHA含量与解冻后精子运动性及质膜完整性有关。

3.2.2.2 细胞核

冷冻保存对精子细胞核的影响主要表现在染色质的完整性上。精子染色质由核蛋白和DNA组成。核蛋白主要包括鱼精蛋白1和鱼精蛋白2(P1,P2)及2%～15%的组蛋白H1。不同物种的鱼精蛋白成分有所不同，公猪、公牛和公羊的精子只含有P1，人、马、小鼠精子则含有P1和P2。此外，各物种精子中P1/P2的比例也不同，这也可能影响精子细胞核的冷冻耐受性。精子经冷冻-解冻后，鱼精蛋白P1和组蛋白H1在其细胞核中的位置会发生变化。但只含P1的物种与P1和P2都有的物种间抗冻程度存在一定的差异。另外，冷冻-解冻过程对构成精子染色质骨架的半胱氨酸自由基之间的二硫键也有破坏作用，破坏程度也存在物种间的差异。

冷冻过程中，精子核蛋白对DNA双链的保护作用被削弱，造成精子线粒体与核基因组的DNA损伤，使DNA双链变性为单链DNA或发生断裂，这些损伤可能是造成精子缺乏受精能力或受精后胚胎发育不良及母畜流产的主要原因。目前评价DNA完整性的方法有很多，如DNA原位末端转移酶标记技术(TUNEL)、精子染色质结构分析(SCSA)、精子染色质扩散实验(SCD)、中性单细胞凝胶电泳实验和碱性单细胞凝胶电泳实验。但是无论采用哪种方法，猪的解冻精子检测到的结果都证明了冷冻过程对DNA有损伤作用。

3.2.2.3 核周膜

核周膜(perinuclear theca)是包围精子核的膜结构，含有对维持精子头部结构起重要作用的细胞骨架蛋白。这个区域在受精过程中起着关键作用，含有与受精相关的精子蛋白(如PLCz和PAWP)，所以核周膜的完整性对精子功能的正常发挥非常重要。冷冻保存损害了猪精子的核周膜，进而改变了F-肌动蛋白的稳定性，最终导致核周膜和肌动蛋白之间结构的破坏，也会导致精子核“解压缩”。

3.2.2.4 线粒体

冷冻-解冻后，猪精子线粒体活性降低。猪精子中，关于冷冻保存对活性氧(ROS)产生的影响，研究不如其他物种透彻。Flores等发现冷冻降低了线粒体ROS的产生能力，在降温过程中尤其明显；Gomez-Fernandez等和Yeste等发现高抗冻性精液和低抗冻性精液冷冻-解冻后，细胞内的过氧化物水平，以及发生膜脂质过氧化的死(或活)精子百分比均无差异。这说明，尽管过氧化物被认为是公猪精子中的主要自由基，但由于冷冻保存只导致其轻微增长，难以断定ROS就是造成精子冷冻损伤的真正原因。

3.2.2.5 精子蛋白

冷冻会对精子蛋白的含量、位置和功能产生不同程度的影响。通过同位素标记法，对新鲜和冷冻-解冻猪精子的蛋白质组进行相对定量和绝对定量分析，发现有 41 种参与精子功能多个过程(例如精子过早获能、黏附和能量供应，以及精卵细胞结合和融合等过程)的蛋白质含量发生改变，其中 6 种蛋白质含量降低，另外 35 种蛋白质含量升高。蛋白免疫印迹实验进一步证实，冷冻-解冻的猪精子中 AKAP3，超氧化物歧化酶 1(SOD1)，TPI1 和 ODF2 等蛋白的表达量增加，说明冷冻损伤对精子中某些蛋白质的含量产生了影响。冷冻可诱导蛋白质位置发生改变，如肌动蛋白和丝裂霉素 2 以及葡萄糖转运蛋白 GLUT3。GLUT3 在精子内外质膜都有分布，但在 −17 ℃ 精液中，GLUT3 主要存在于精子头部前半部分。肌动蛋白定位于新鲜精子的鞭毛和顶体膜区域，获能之后向精子的顶体区域迁移。冷冻使顶体膜上的肌动蛋白受损并丢失。此外，冷冻引起的细胞膜损伤可能会导致离子通道蛋白功能丧失，进而使解冻后精子受精能力下降。

3.2.2.6 mRNAs and microRNAs

在对公猪精子的研究发现，编码蛋白的转录本丰度(如 B2M，BLM，HPRT1，PGK1，S18，SDHA，YWHAZ，PPIA，RPL4，DNMT3A，DNMT3B，JHDM2A，KAT8 和 PRM1)会受到冷冻的影响(图 3-1)。冷冻可降解特定精子 mRNA，这可以解释为什么冷冻-解冻的精子受精能力会下降。microRNA(miRNA)是小的非编码调控 RNA 分子，可通过抑制 mRNA 翻译或通过靶向降解 mRNA 来调节基因表达。冷冻保存对某些特定的 miRNA 影响比对其他 miRNA 的影响更大。但目前还不清楚猪精子 miRNA 与受精能力之间的关系。

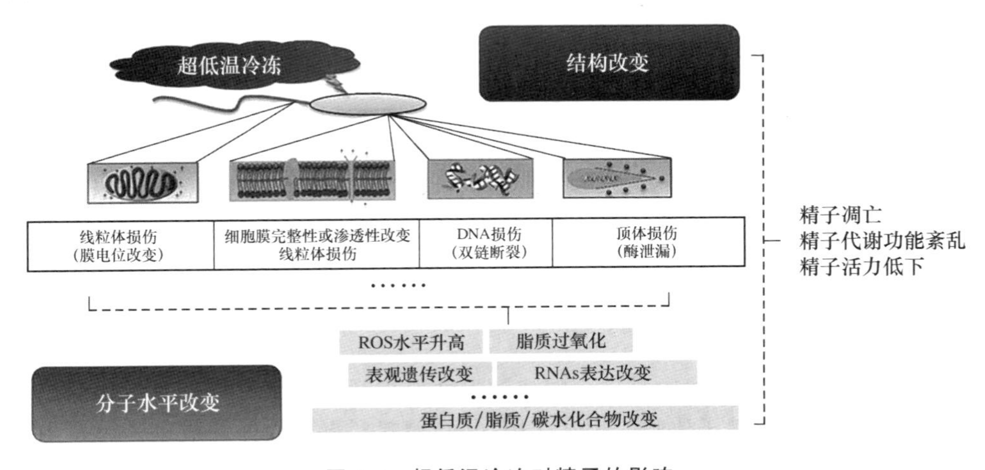

图 3-1 超低温冷冻对精子的影响

(OFOSU J，2021)

3.2.2.7 表观遗传

表观遗传是指在基因核苷酸序列不发生改变的情况下出现的基因表达的可遗传改变。精子的表观遗传主要包括 DNA 甲基化、精子特异性核蛋白、精子携带的 RNA 以及由精子核基质组成的 DNA 环结构域。研究发现,精子核小体 DNA 占精子总 DNA 的 15%～30%,可整合于父源合子染色质和胚胎表观基因组。受精时,卵母细胞继承精子染色质的表观遗传信号,然后在早期胚胎发育中发挥作用,因此,冷冻是否会造成精子染色质的表观遗传信号改变,受到研究人员的关注。研究人员检测了 9 个人类冷冻精子的甲基化程度:母源印记基因(LIT1,SNRPN,MEST),父源印记基因(MEG3,H19),重复元件(ALU,LINE1),精子发生相关基因(VASA)和男性不育相关基因 (MTHFR),发现冷冻-解冻过程和冷冻保存时间(2 d 与 4 周相比)都没有改变这些基因的甲基化模式。说明到目前为止,冷冻保存的精子在基因印记方面是安全的。

3.3 猪精子冷冻保存方法的改进

3.3.1 优化组合冷冻保护剂

无论是慢速冷冻还是快速冷冻,冷冻液和解冻液成分非常关键。尽管慢速冷冻可以避免细胞内形成冰晶,但冰晶形成并不能完全阻止。因此,在对精液作冷冻处理前,须在精子冷冻稀释液中添加冷冻保护剂以减少冷冻-解冻过程中冰晶形成的压力。但是,多数冷冻保护剂都会对精子产生一定的毒性作用,选择合适的冷冻保护剂和合适的添加浓度显得尤为重要。冷冻保护剂分为非渗透性与渗透性两类。

3.3.1.1 非渗透性冷冻保护剂

非渗透性冷冻保护剂主要有奶类、卵黄、糖类和高分子化合物,如聚乙烯吡咯烷酮(PVP)、羟乙基淀粉、聚乙二醇和右旋糖酐类等,有助于防止冰晶形成,有效保护细胞膜和蛋白结构。这些物质一般都不能穿过细胞膜渗入细胞内,主要在细胞外发挥作用。单独使用非渗透性冷冻保护剂不能完全保护细胞免受冷冻伤害,还需要加入渗透性冷冻保护剂与之混合使用,以增加渗透性保护剂的有效渗透及降低细胞外自身浓度。

卵黄是精液冷冻保存中最常用的非渗透性保护剂。将卵黄与表面活化剂混合添加后,卵黄蛋白与精子质膜的相互作用加强,能起到更好的保护效果。卵黄中含有多种类型的蛋白,发挥保护作用的主要成分是低密度脂蛋白。来自不同禽类卵黄中的低密度脂蛋白对猪精子的保护效果也各有不同,研究认为,从鸽卵黄中提取的低密度脂蛋白的抗冻保护效果要优于鸡、鸵鸟、鸭和鹌鹑等。但使用禽卵黄作猪精液的冷冻保护剂存在一定的生物安全风险，目前有大量的研究着眼于寻求卵黄替代品，其中用大豆卵磷脂替代卵黄低密度脂蛋白的研究最受关注，但至今仍未见生产中实际使用的产品问世。

3.3.1.2 渗透性冷冻保护剂

渗透性冷冻保护剂主要有甘油、二甲基亚砜、乙二醇、甲醇、丙二醇和二甲基乙酰胺。它们可渗透到细胞内，即使浓度达到 1 mol/L 或更高，对细胞的毒性也不大。渗透性冷冻保护剂进入细胞内可降低电解质浓度和减少低温下的细胞皱缩程度。渗透性冷冻保护剂嵌入细胞类脂双层膜后，可影响胞质的黏性、改变扩散速率和细胞膜特性。但是，当温度高于 5 ℃时，这些渗透性冷冻保护剂就会对细胞起破坏作用。

因此，在使用渗透性冷冻保护剂冻存细胞时，必须要求它们在细胞冻结前渗入到胞质内，在解冻时能快速渗出细胞膜，排出细胞。至今，甘油仍是猪精子冷冻保存效果最好的渗透性冷冻保护剂，适宜浓度为 2%～3%。然而，由于甘油会破坏猪精子核周膜，浓度高于 4%则影响质膜流动性；但也有用 5%甘油和 6%甘油来保存精子的。有研究人员试图用其他冷冻保护剂来代替甘油。当用 80 mmol/L L-谷氨酰胺及 2%甘油代替 3%甘油，可提高猪精子解冻后的活力；用 100 mmol/L 海藻糖代替则可以提高猪精子活力、顶体完整性、线粒体膜电位以及体外受精后的穿卵率。此外，用椰子粉和二甲基甲酰胺代替乳糖和甘油，解冻后猪精子活力更高。然而，研究证实二甲基甲酰胺或二甲基亚砜，作为冷冻保护剂用于猪精子冷冻保存，其效果不如甘油。

3.3.2 精液稀释液中的抗生素与抗菌肽

精液在保存过程中容易滋生以细菌为主的有毒有害微生物，对精子的存活产生不利影响，因此精液稀释液中通常需要添加一定量的抗生素，以稳定精液质量并延长保存时间。有研究发现，精子的运动性随稀释液中抗生素浓度的增高而呈现先增强后减弱的趋势，故在精液稀释液中应控制好抗生素的添加量，避免损伤精子。另外，因抗生素的耐药问题越来越严重，它们对精液的保护作用日益衰减，迫切需要寻找传统抗生素的替代品来保护精子的体外保存活力。

抗菌肽是一种氨基酸多肽，具有广谱杀菌活性和低耐药性，具有替代抗生素的潜力。研究人员将富含精氨酸和色氨酸的抗菌肽组合为 6 肽，发现它们可通过其中 3 个带正电荷的精氨酸残基与细菌膜表面带负电荷的脂质之间的相互作用，多肽会不定期侵占细菌膜表面，形成肽-脂质复合物，进而破坏细菌整个磷脂结构，从而实现抗菌功能。在精液稀释液中添加低浓度的环六肽，发现保存精子的质量与添加传统抗生素的效果相当。而且，添加 6 肽后，精子的前向运动和直线运动比率更高，其平均路径速度(μm/s)和精子头侧摆幅度(μm)也更高。

思考题

1. 为什么冷冻后的精子可以存活？
2. 冷冻主要对精子造成哪些方面的损伤？
3. 降低精子冷冻损伤的措施有哪些？
4. 精子冷冻过程中，脱水与降温相结合能杜绝冰晶的形成吗？
5. 精液稀释液中添加抗菌肽可替代常规抗生素吗？

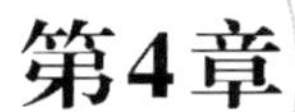

第4章 种公猪精液采集和品质检测

【本章提要】优质的种公猪精液是生产优质冷冻精液的基础。获得质量优良的种公猪精液，除了选择符合本品种特征、健康强壮及性欲强的供精公猪外，还要做好采精公猪的调教、采精过程的质量控制及精液品质检查等工作，才能为制作冷冻精液提供优质新鲜精液。

4.1 种公猪的调教

对人工采精的公猪首先要进行采精训练。训练前先让公猪习惯与人接近，要求固定采精地点，并保持环境的安静。

4.1.1 公猪的调教时间

后备公猪发育到一定年龄阶段，会出现拱、推、磨、吐泡沫和嗅等行为，并间歇性地发出连贯、有节奏的低哼声，释放独特的体味或分泌物味道，甚至有爬跨射精现象，表明公猪性成熟。公猪性成熟后即可开始调教，由于不同品种性成熟年龄差异较大，开始接受采精训练的时间也有所不同。

4.1.1.1 外来种猪的适宜调教时间

外来品种 7～8 月龄性成熟，建议 8～9 月龄开始采精调教。

4.1.1.2 地方猪种的适宜调教时间

地方猪品种一般 4～5 月龄性成熟，建议 5～6 月龄开始采精调教。

4.1.2 公猪的调教方法

4.1.2.1 假母台法

假母台又称采精台、假猪台，其作用是模仿母猪，公猪采精时骑到上面，方便采精员进行采精操作。简易的假母台用自制的长木凳上铺一张麻袋制成。现在常用的假母台通常是由坚固的金属构件组成，底座有四个孔，用螺栓将假母台牢牢固定在地面上，脊背表面覆盖橡胶或者耐磨损帆布，头部两侧设有辅助抚板，作公猪前蹄的支承板（图 4-1）。新型的假母台增加旋转手轮装置，通过旋转手轮可以使假母台随意倾斜，根据需要，升降尾部（图 4-2）。

先将发情母猪的尿液或阴道分泌物涂在假母台后躯，然后将公猪赶来和假母台接触。只要公猪愿意接触假母台，嗅其气味（图 4-3），有性欲要求，愿意爬跨（图 4-4），一般经过 2～3 d 的训练即可成功采精。也可用一头调教好的公猪在假母台上示范采精，让新调教的公猪在旁观摩以刺激其性欲，一旦公猪有性反应则可让其练习爬跨。

图 4-1　普通假母台

图 4-2　可调式假母台

图 4-3　后备公猪嗅闻假母台

图 4-4　后备公猪爬跨假母台

4.1.2.2 发情母猪诱导法

发情母猪诱导法是先将发情母猪的尿液涂抹在假母猪的后躯，再将发情旺盛的母猪赶到假母猪旁，让公猪爬跨并交配，待公猪性欲达到高潮时，赶走发情母猪，公猪就会爬跨假母猪；还可以将发情旺盛的母猪赶到公猪旁，让公猪爬跨，开始采精后将公猪抬到假母猪上，继续采精，如此反复，一般经过多次训练即可成功。调教公猪每天可进行 1～2 次，每次调教时间不超过 15 min。

4.2 种公猪精液的采集

4.2.1 资料查询

采集公猪精液前首先应该了解公猪的品种、年龄、系谱资料、生产性能、健康状况、上次采精时间及精液质量等信息，再通过现场观察核实其实际情况后决定是否进行采精操作。

4.2.2 采精前的准备

4.2.2.1 人员的准备

工作人员在采精前应穿好工作服，剪指甲并用肥皂洗手。

4.2.2.2 实验室的准备

采精前应准备 37 ℃恒温采精杯、一次性采精袋、PE 手套、乳胶手套和滤纸。采精过程中与精液接触的器具尽量使用一次性耗材，可减少精液混合和细菌传播的机会。打开电子秤，恒温载物台，以及精子质量自动分析系统等精液检测所需仪器设备。

4.2.2.3 采精室的准备

采精前先打开采精室的空调，将环境温度控制在 20～25 ℃，然后将假母台周围清扫干净，特别是公猪精液中的胶体，一旦残落地面，公猪走动很容易打滑，易造成公猪扭伤而影响生产。安全区应避免放置物品，以利于采精人员因突发事件而转移到安全地方。采精室内避免积水、积尿，不能放置易倒或能发出较大响声的东西，以免影响公猪的射精。

4.2.2.4 公猪的准备

采精之前，应将公猪尿囊中的残尿挤出，若阴毛太长，则要用剪刀剪短，防止操作时抓住阴毛和阴茎而影响阴茎的勃起。用水冲洗干净公猪全身特别是包皮部，并用毛巾擦干净包皮部，避免采精时残液滴入或流入精液中导致精液污染。也可以有效减少部分疾病传播给母猪，从而减少母猪子宫炎及其他生殖道或尿道疾病的发生，以提高母猪的情期受胎率和产仔数。

4.2.3 采精

4.2.3.1 手握法采精

1. 操作方法

将采精公猪赶到采精室，先让其嗅、拱假母台，工作人员用手抚摸公猪的阴部和腹部，以刺激其性欲的提高。当公猪性欲达到旺盛时，它将爬上假母台，并伸出阴茎龟头来回抽动。此时，采精员一手持集精杯(内装一次性采精袋并覆盖一次性过滤纸，杯内温度 37 ℃)，另一手戴双层消毒过的手套(内层乳胶手套、外层 PE 手套)，挤出包皮内尿液后，按摩公猪包皮部，刺激其爬跨。待公猪爬跨假台猪并伸出阴茎时，采精人员脱去外层手套，手心向下握住阴茎螺旋部，力度达到既不滑掉又不握得过紧。若用力不够则阴茎脱手，若用力过大则容易损伤阴茎，公猪也很难射出精液。此过程只可用力刺激公猪螺旋头部位，不可用力横拉阴茎。待阴茎稳定后可将龟头微露于拳心之外约 2 cm，用手指摩擦龟头部，刺激公猪射精。

2. 手握法采精注意事项

(1)采精过程中所有与精液有接触的物品，如手套、过滤纸、精液袋等物品，均要求对精液无毒性作用。

(2)为了确保采精人员安全，采精过程中应始终面对公猪的头部，并时刻关注公猪的动态。采精人员若用右手采精，则要蹲在公猪的左侧，右手抓住阴茎，左手拿采精杯；若用左手采精，则要蹲在公猪的右侧，左手抓住阴茎，右手拿采精杯。遇见突发状况须及时反应，准确应对。

(3)公猪一旦开始射精，采精人员的手应在握住阴茎的同时停止捏动。当射精停止后，可用手轻轻捏动阴茎螺旋头，以刺激其再次射精。

(4)若采精人员在采精过程中发出类似母猪发情时的“呼呼”声，则会在一定程度上刺激公猪的性欲，有利于采精工作顺利完成。

(5)采完精液后，公猪一般会自动跳下假母台。若遇到公猪不愿下来时，可能还要射精，采精人员应有耐心，等待公猪完成全部射精过程。

(6)精液采集完成后，应先将滤纸及滤纸上的胶体丢弃，然后将精液袋的上部收口，并留放在杯外，用盖子盖住采精杯，然后迅速传递到精液处理室进行质量检查和稀释等操作。

4.2.3.2 公猪自动采精

1. 自动采精设备的工作原理

自动采精系统是利用仿生原理，模仿猪自然交配设计。通过安装振动电机能诱导公猪爬上弧形卧板，通过设置与电动伸缩杆的伸缩架，并在伸缩架安装设有绒毛刷的支撑板，可代替工作人员抚摸公猪阴茎，通过设置真空泵，采用真空系统收集猪精液，无须工作人员一直握住公猪阴茎，采用自动化操作，减少工作人员工作量，实用性强。

2. 自动采精的优点

(1)减少采精过程中的细菌污染。有研究表明，与人工徒手采精相比，使用自动采精系统能够使精液中的细菌浓度减少10倍，显著改善公猪采精的卫生条件，有助于延长精液的保存时间。

(2)自动化提高了生产效率。使用2个采集系统可配置4个假母台，一个采精员可以同时采集4头公猪的精液。自动化过程和安全警报的存在使操作员能够同时执行其他任务。因此，每个操作员每小时的收集次数平均增加40%，而产生的精液剂量数保持稳定。这将大幅度降低劳动力成本。

4.2.3.3 自动采精设备介绍

(1)法国的自动化采精系统是通过连接真空泵的人工阴道，控制其中的气压来给予公猪阴茎脉冲式刺激，使公猪完成射精(图4-5)。

图4-5 法国卡苏Collectis自动采精系统

(2)西班牙的自动采精系统，需要先由采精人员用手刺激公猪开始射精后，再将其固定于松紧可调的泡沫假阴道上，射精完成后公猪阴茎收缩自动脱落(图4-6)。

(3)德国米尼图公司的自动采精系统，先由采精人员用手刺激公猪开始射精，然后将公猪阴茎固定于一个位于滑轨上的人工阴道，公猪射精时可模拟其在子宫中抽动的动作完成射精(图4-7)。

以上三种自动采精系统都需要借助人力将公猪阴茎固定于人工阴道中，所以本质上是一种半自动采精系统。

(4)国内自动采精设备尚处于起步阶段，多由国外设备创新改良发展而来(图4-8)，原理方法和采精程序可参考前述国外采精设备。

图 4-6 西班牙自动采精系统

图 4-7 德国米尼图自动采精系统

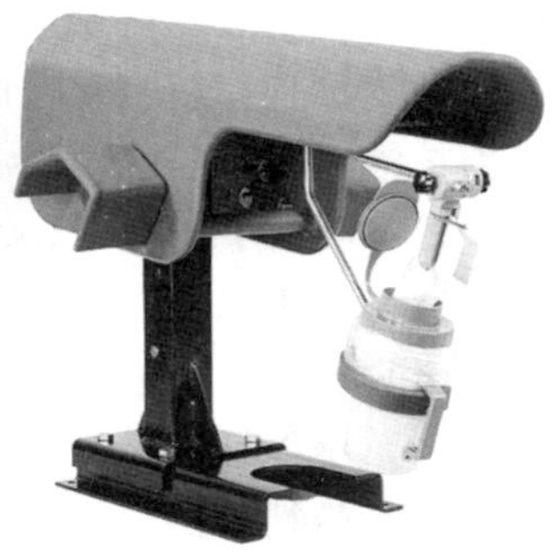

图 4-8 国内自动采精设备

4.2.3.4 自动采精系统采精的流程

1. 法国卡苏 Collectis 自动采精系统采精的流程

(1)假阴道准备(图 4-9):采精前将人工阴道放置在手柄上。在开放的假阴道内插入一次性衬垫,保护假阴道,提高公猪的舒适度。

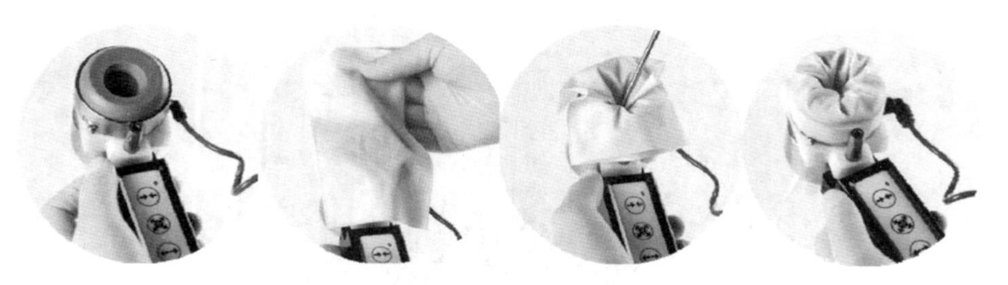

图 4-9 安装假阴道

(2)公猪阴茎固定:采精人员待公猪爬跨假母台后,用手刺激公猪阴茎勃起,并插入开放的假阴道中。然后通过电动按钮关闭假阴道,保持阴茎在采精过程中的位置(图 4-10)。然后将过滤锥和采精袋安装在阴道上,并将组件放置于假母台的收容器中。最后采精人员通过激活阴道的脉动功能刺激公猪射精(图 4-11),开始收集公猪精液(图 4-12)。

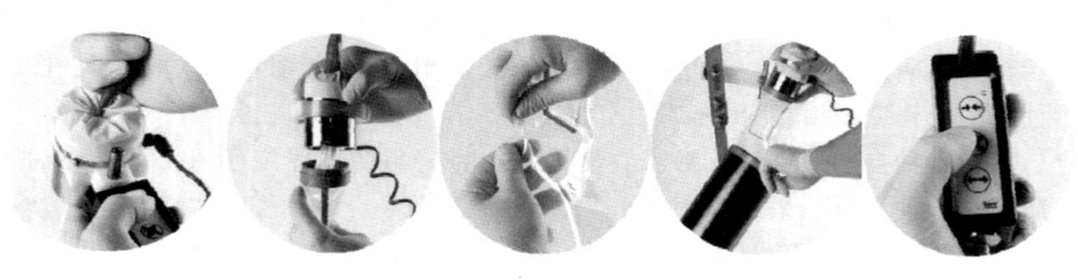

图 4-10 固定阴茎,启动采精

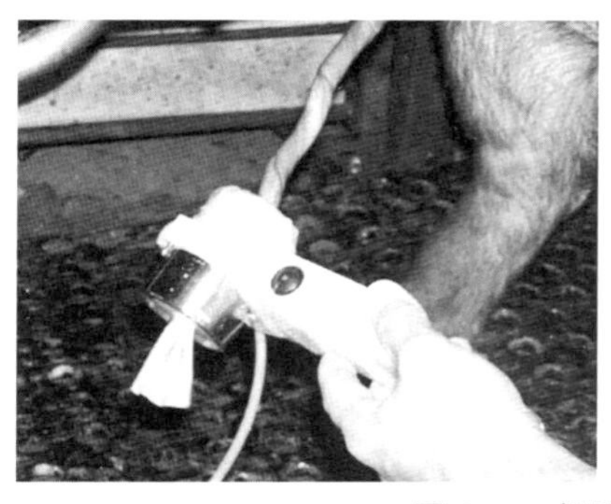
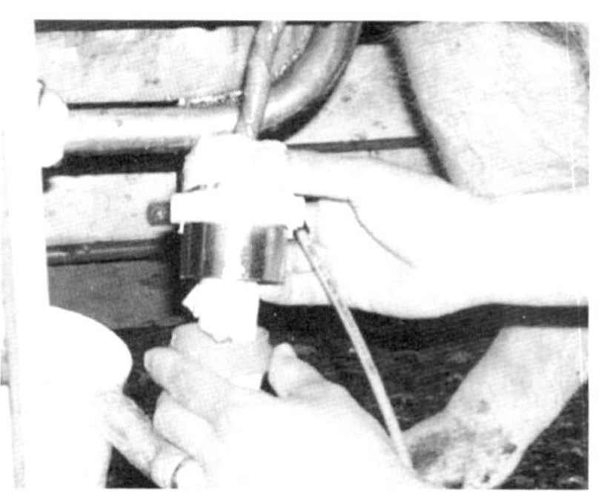

图 4-11　假阴道刺激采精

图 4-12　自动采精

(3)公猪采精结束后，采精人员通过电动按钮打开假阴道。公猪阴茎从假阴道取出后，将装有精液的采精袋子从组件中分离出来，密封后通过传递窗送往实验室。最后从假阴道下面取出衬垫，换上新的衬垫后就可以开始下一头公猪的采精。

2.德国米尼图 BoarMatic 自动采精系统采精的流程

(1)清洁包皮后，采精者用猪人工子宫颈(图4-13)夹住公猪阴茎尖端，开始勃起。当公猪完成前段的射精后(主要是胶体部分)将内囊丢弃。

二维码 4-1　法国卡苏自动采精系统精液采集过程

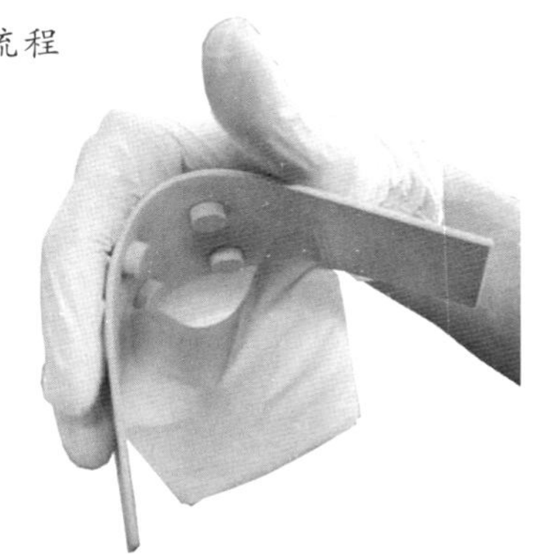

图 4-13　猪人工子宫颈

(2)将带人工子宫颈的勃起阴茎固定在阴茎夹中。将提前准备好的精液袋(图4-14)与采集杯连接集成过滤装置(图 4-15)。这个封闭的采精系统可保护精液不受外界环境的影响(图 4-16)。射精过程中公猪阴茎可在滑轨上前后移动,不会对其射精产生影响。

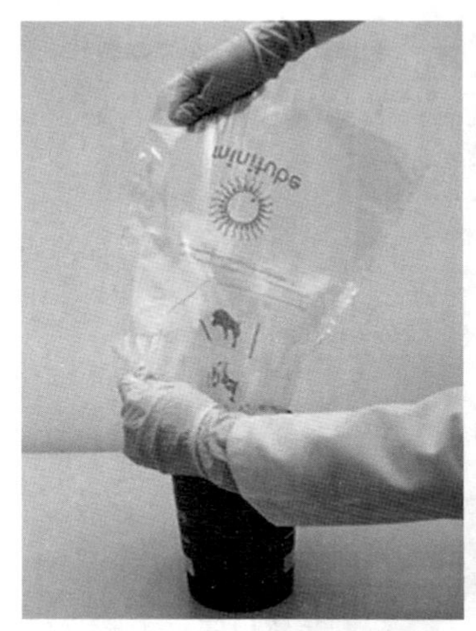

图 4-14　精液袋的准备

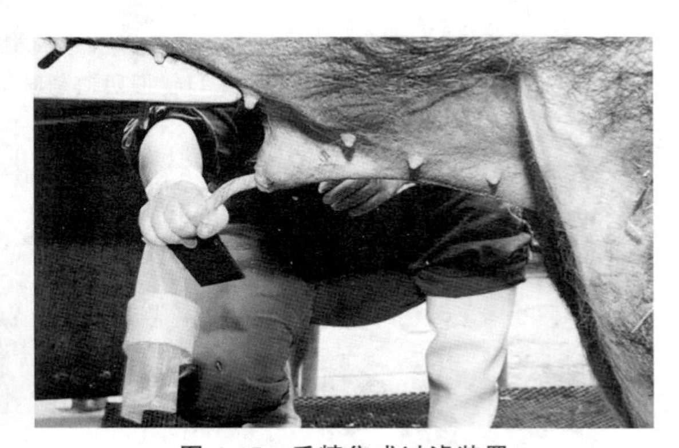

图 4-15　采精集成过滤装置

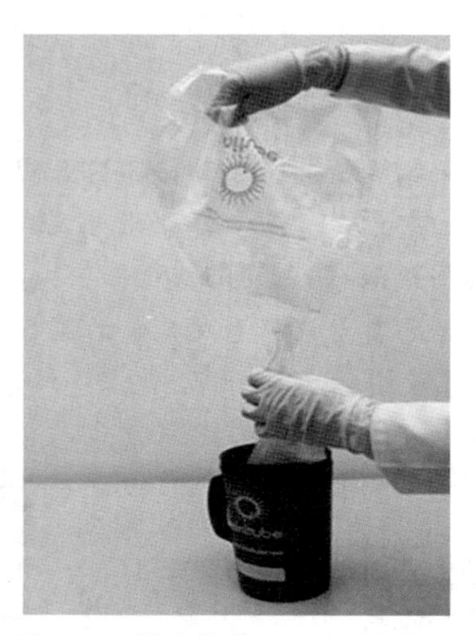

图 4-16　精液袋装配固定入集精杯

(3)精液采集过程中的颗粒和凝胶保留在集成过滤器中,而精液则安全干净地收集在采集袋中(图 4-17)。

(4)随着勃起的减弱,公猪的阴茎可以从人工子宫颈夹中自行脱落。有的公猪也需要工作人员协助其从人工子宫夹中取出(图 4-18)。公猪采精完成后,精液收集器可以在另一个假母台上进行下一次精液收集。

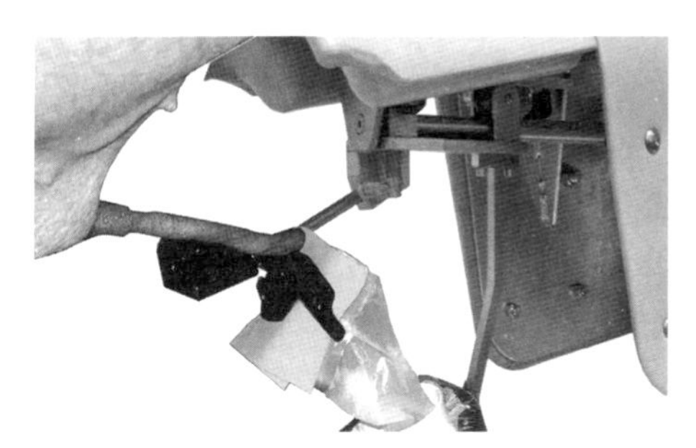

图 4-17　集成过滤器

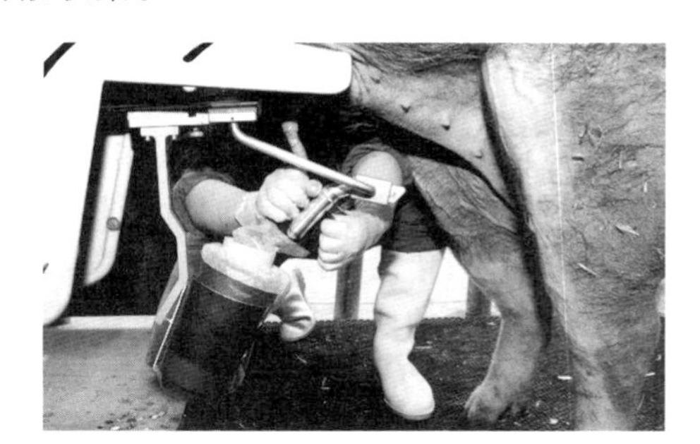

图 4-18　取出人工子宫夹

3.西班牙自动采精系统采精的流程

西班牙自动采精设备如图 4-19 所示。

(1)采精前将采精杯、过滤纸、一次性采精袋等在假母台下方固定,此时采精杯盖上盖子避免空气中的杂质进入采精袋。

(2)公猪爬跨假母台后,采精人员用假宫颈握住阴茎螺旋部,刺激阴茎勃起。

(3)待公猪开始射精时将假宫颈固定在阴茎夹中,通过旋杆 A 调节假宫颈的松紧程度,旋杆 B 调节假宫颈的倾斜角度,刺激公猪射精。

(4)待公猪开始射精后,打开采精杯盖子,收集精液。

(5)最后通过旋杆 C 调节滑动槽的摩擦阻力,使得公猪在射精过程中可通过滑动槽前后移动,在一个较为自然舒服的姿势下完成射精。

(6)射精完成后,取下过滤纸上的胶体,封闭采精袋,盖上盖子,将采精杯迅速传递至实验室。

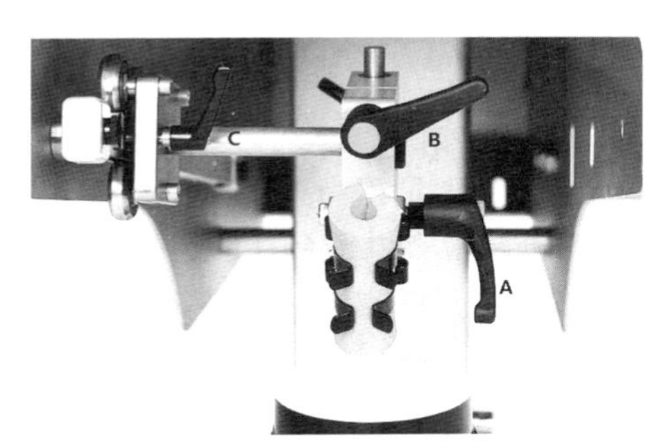

图 4-19　西班牙自动采精设备

公猪射精过程可分为三个阶段,前期射出的白色液体含有少量精子,却富含大量胶状成分;中期射出的乳白色或灰白色液体,富含大量精子;最后射出的水样精液中精子数量较少。公猪的射精过程一般持续 2～8 min,需收集整个射精过程的全份精液用于冷冻保存。

4.3 原精液质量检测

质量优良的种猪原精液是制作合格冷冻精液的基本前提。因此，在制作冷冻精液前，必须开展原精液质量的检测，只有原精活力和畸形率都达到要求的精液才能用于冻存。另外，猪的冷冻精液需要先离心浓缩处理后再添加两次冷冻保护剂才能完成，故确定原精的体积和密度是计算冻精总量的基本依据。原精质量检测主要包括原精液的外观评价、原精液的体积检测、原精液活力检测、密度检测、畸形率检测。

4.3.1 原精液的外观评价

1. 颜色

肉眼观察精液的色泽和混浊度，记录精液量。正常公猪精液为乳白色或浅灰白色，精液乳白程度越浓，精子密度越大。绿色、黄色、淡红色、红褐色等为异常精液的颜色，表明其中混有尿液、血液或脓液等。

2. 气味

正常猪精液略带腥味，通常以扇风入鼻法判断精液气味是否正常。

4.3.2 原精液体积检测

1. 量筒测量

一般选取量程为 500 mL 的量筒，其精度为±5 mL。向量筒里注入精液时，应用左手拿住量筒，使量筒略倾斜，精液缓缓流入。注入精液后，将量筒置于平整的桌面上静置 1～2 min，使附着在内壁上的精液全部流下来再读取刻度值。观察刻度时，视线与量筒内液体的凹液面的最低处保持水平，再读数。量筒每次使用后应用洗洁精和清水洗净后烘干备用。

2. 电子台秤

一般选用精度为 ±0.1 g、最大量程为 1 kg 的电子台秤。在 20～25 ℃室温条件下，接通电子台秤电源，开机。检查电子台秤的运行情况并置零。将稀释用烧杯置于电子台秤称量盘称量并去皮。将精液从采精杯中取出置于烧杯中，并记录显示值(1 g 相当于 1 mL 精液)。

4.3.3 原精液活力检测

4.3.3.1 普通光学显微镜检测原精液活力

1. 仪器和耗材的准备

(1)普通光学显微镜：至少应配有 10 倍、20 倍的物镜镜头。

(2)恒温载物台:(37±1) ℃。

(3)普通光面载玻片、盖玻片。

(4)移液器 1:量程 100～1 000 μL。移液器 2:量程 2～20 μL。

2. 样品制备

用灭菌玻璃棒或温度计轻轻搅拌原精液,再用移液器 1 的吸头伸入液面下 15～20 mm 处,吸取 0.5～1 mL 原精液注入提前标记的 1.5 mL 试管中备用。

3. 镜检

先打开显微镜的热台,并在热台上放置 1 张备用载玻片预热。将试管中精液样品轻轻摇匀,用移液器 2 吸取 10 μL 精液样品,置于洁净的载玻片上。利用盖玻片的重量使精液缓慢散开,尽量避免在盖玻片和载玻片之间形成气泡。待盖玻片下的精液不再漂移,立即检测。在 150～300 倍显微镜下观察不同层次精子运动情况,估计呈直线运动精子的比例。一般采用 0.1～1.0 的十级评分法进行评定,即在显微镜下观察一个视野内的精子运动,若全部呈直线运动,则活力为 1.0 级;有 90%的精子呈直线运动则活力为 0.9;有 80%的精子呈直线运动则活力为 0.8,依此类推。鲜精液的精子活力高于 0.7 为正常,稀释后的精液,当活力低于 0.6 时,则应弃去不用。

4.3.3.2　计算机辅助精子分析系统(computer assisted semen analysis,CASA)

1. CASA 介绍

CASA 是借助计算机辅助进行精子活力、动(静)态图像的检测,以获得精子动(静)态各项参数的精液检测方法,也称计算机辅助精液分析。其工作方式是采用摄像机拍摄显微镜观察精子图像并传输到电脑,然后 CASA 软件的精子动力学分析模块对精子运动轨迹进行追踪,描绘并输出彩色轨迹线并自动计算出精子的各种运动速度及活力分级,客观判定精子的活力指标。目前,国内销售的进口和国产的 CASA 品牌较多,功能和价格各有优势,采购单位可根据自己的应用实践加以甄选。

用 CASA 检测精子活力,可以消除检测人员的主观因素造成的干扰,获得更加丰富的精子运动表现数据,可重复性好,该法既可实现对精子密度、活力等相关参数的快速准确测定,还可显示精子运动的轨迹,进而获得精子相关动力学量化信息。

CASA 检测结果的准确性受精液密度、精液中杂质多少、精子结团情况及系统本身所设置的参数等诸多因素的影响,因此,分析过程中加强对上述影响因素的控制与环节调控的力度,对分析结果的精度与准确性的提高具有重要意义。

2. CASA 的配置和检测耗材的准备

(1)CASA 的配置。相差显微镜、高速数码摄像机、电脑、精子分析软件 SCA(sperm class analyzer)、调温载物台。

(2)专用定容玻片(图 4-20):腔室高度(20±2) μm。

(3)移液器 1:量程 100～1 000 μL。移液器 2:量程 2～20 μL。

图 4-20　定容玻片

3. CASA 的准备与精液检测

(1)显微镜调节。检查物镜是否转换到相差显微镜头,必要时应按照说明书进行物镜校准并转换光圈模式,以达到最佳备用状态;调节显微镜光源至适宜的亮度,将低倍物镜正对载物台的通光孔,调节物镜与恒温载物台保持最佳距离,观察视野明亮程度,通过调节聚光器,直至视野光线最佳。提前将恒温载物台开启,待其温度显示为 37 ℃后将专用定容玻片放置在恒温载物台上预热。

(2)从采精杯打开精液袋,用玻璃棒轻轻搅拌,将移液器 1 的吸头伸入液面下 15～20 mm 处,吸取 0.5～1 mL 原精液放入提前标记的 1 mL 离心管中备用。将离心管中精液样品轻轻摇匀,将移液器 2 的吸头伸入液体中部吸取 3～5 μL 精液样品,滴于专用定容玻片进样口处,让其自行流入腔室,待检(样点 1);用同样方法吸取 3～5 μL 样品,滴于专用定容玻片另一腔室的进样口处,待检(样点 2)。

(3)精液活力的自动检查。精子的运动过程经过生物显微镜放大后,由摄像机的高速摄像头进行连续拍照,获得精子运动过程中某一瞬间的静态图像,记录并储存。然后对每一幅图像中的精子分别进行识别,提取出图像中各个精子的位置参数后记录并储存。根据这些不同图像中的位置参数,求出各位置参数之间的关联关系(即进行关联运算),并由这些关系求解出精子运动的轨迹。最后根据这些轨迹计算出精子运动的各项参数(图 4-21)。

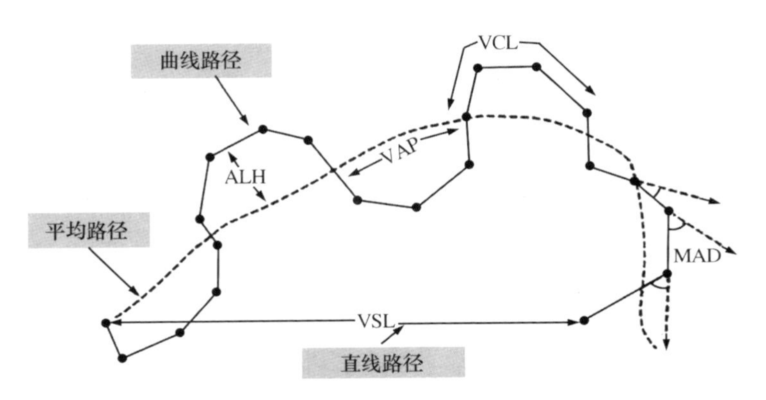

图 4-21　精子运动与参数计算示意图

VSL. 直线运动速度(μm/s)。精子头在开始检测时的位置与最后所处位置之间的直线运动的时间平均速度。

ALH. 精子头侧摆幅度(μm)。精子头沿其空间平均轨迹侧摆的幅度。以侧摆的最大值或平均数表示。不同的 CASA 仪器用不同的算法计算 ALH,故不同 CASA 系统的数值不能直接相比较。

VAP. 平均路径速度(μm/s)。精子头沿其空间平均轨迹移动的时间平均速度,这个轨迹是根据 CASA 仪器中的算法对实际轨迹平整后计算出来的;这些算法因仪器不同而有所不同,故不同 CASA 系统的数值不能直接相比较。

VCL. 曲线运动速度(μm/s)。精子头沿其实际的曲线,即在显微镜下见到的二维方式运动轨迹的时间平均速度。检测细胞活力。

MAD. 平均移动角度(度)。精子头沿其曲线轨迹瞬间转折角度的平均绝对值。

打开精液自动分析软件,录入精液相关信息,启动软件。通过软件选取杂质少、精子分布均匀的视野进行活力分析。每个样点至少 3 个视野的活力数据,记录每个样点的平均值。

二维码 4-2　精子质量自动分析

4.3.4　密度检测

4.3.4.1　血细胞计数法

1. 仪器设备与耗材

(1)相差显微镜:物镜为相差镜头,倍数为 10 倍、40 倍。

(2)电子天平:感量 0.000 1 g。

(3)血球计数板,盖玻片,计数器。

(4)移液器:最大量程分别为 200 μL 和 1 000 μL 各 1 支。

(5)容量瓶:100 mL。

(6)离心管:2 mL。

(7)3.0%氯化钠溶液:称取 3 g 氯化钠,用水溶解并稀释至 100 mL。

2. 检测步骤

吸取 950 μL 3.0%氯化钠溶液放入离心管中，再取 50 μL 原精液与 950 μL 3.0% 氯化钠溶液充分混合均匀，制成试样。

用盖玻片将血球计数板计数室盖好(图 4-22)。吸取 30～50 μL 试样置于血球计数板一端计数室的边缘，让试样自行流入，使其充满计数室，计数室内不应有气泡。用同样方法在血球计数板另一端计数室点样后，静置约 5 min。

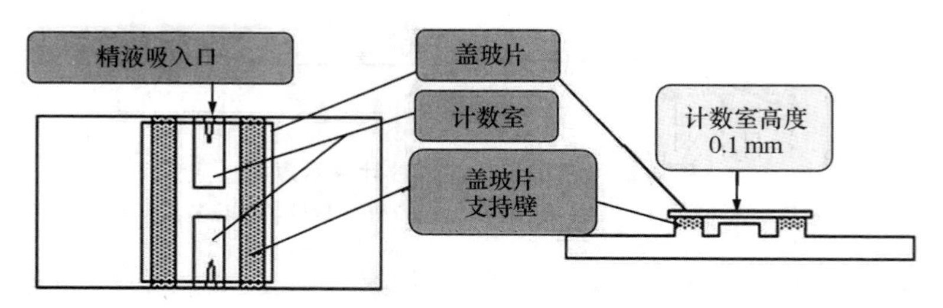

图 4-22　血球计数板示意图

将点好样品的血球计数板置于载物台上，先用低倍镜找计数室，再切换至 400 倍的条件下观察；采用边观察、边计数的方法，用计数器清点计数室的精子个数。每个计数室观察 5 个中方格，5 个中方格分别为计数室的左上角、右上角、正中间、左下角和右下角(图 4-23)。精子计数均以精子头部所处的位置为准，每个中方格内的精子均为计数范围，方格压线的精子计数遵循“数上不数下，数左不数右”的原则(图 4-24)。分别记录两个计数室 5 个中方格的总精子数，并取其平均值，记为 Ti。

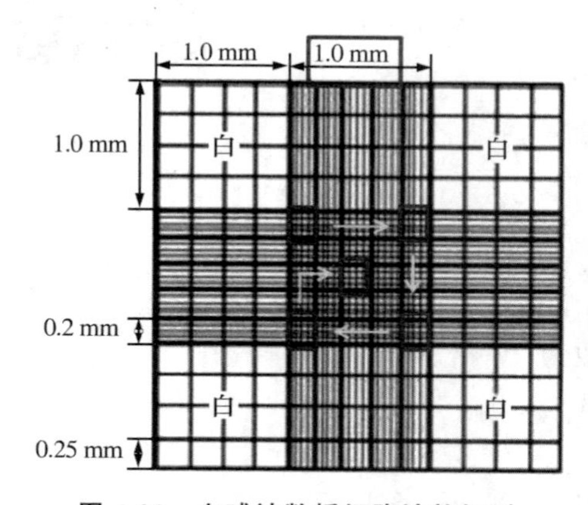

图 4-23　血球计数板细胞计数规则

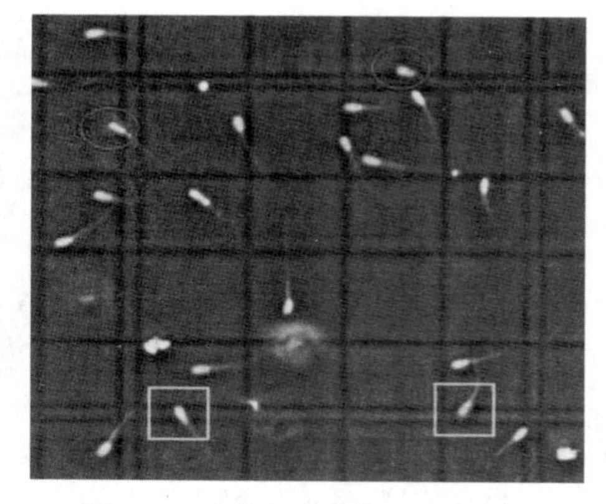

图 4-24　方格压线的精子计数规则

椭圆：为压上线和左线精子，应计数；
方框：为压下线精子，不应计数

3. 密度的计算方法

精液中精子密度按下式计算：

$$C = Ti \times 5 \times 20 \times 10^4$$

式中：C：每毫升精液中所含精子数，单位为个；

Ti：两个计数室中 5 个中方格总精子数的平均值，单位为个；

5：5 个中方格精子数转换成 25 个中方格的倍数；

20：精液稀释倍数。

计算结果保留至小数点后 1 位，若两个计数室中 5 个中方格总精子数之间的绝对差值大于 5 个，则应重检。

4.3.4.2　CASA 检测

1. 仪器设备与耗材

CASA：要求同活力检测中的 CASA 一致，且具有检测精子密度的功能。

专用定容玻片：腔室高度(20 ±2) μm。

移液器：量程 ≤ 20 μL。

2. 检测

按 CASA 检测活力中所规定的方法调试精子质量分析仪、准备专用定容玻片、准备样品与取样。然后，通过自动分析软件观察样点 1 精子运动，选取视野中杂质少、精子分布均匀的视野进行密度分析。每个样点取至少 3 个视野的活力数据，记录每个样点的平均值。

4.3.4.3　检测结果

精子密度按下式计算：

$$C = (C1 + C2)/2$$

式中：C：精子活力，单位为亿/mL；

C1：仪器给出的样品平行样样点 1 检测密度的平均值，单位为亿/mL；

C2：仪器给出的样品平行样样点 2 检测密度的平均值，单位为亿/mL；

计算结果保留至小数点后 1 位。若两个样点计算结果相对偏差大于 5%，则应重检。

4.3.5　畸形率检测

4.3.5.1　吉姆萨染色法

1. 仪器设备与耗材

相差显微镜：物镜为相差镜头，倍数为 10 倍、40 倍。

容量瓶：100 mL。

移液器：量程 20 μL。

载玻片，研钵，计数器等。

2. 染液配制

(1)磷酸盐缓冲液：称取 0.55 g 磷酸二氢钠(($NaH_2PO_4 \cdot 2H_2O$)，2.25 g 磷酸氢二钠($Na_2HPO_4 \cdot 7H_2O$)，置于容量瓶中，用水溶解稀释至 100 mL。

(2)吉姆萨原液：称取 1 g 吉姆萨染料，量筒量取 66 mL 甘油、66 mL 甲醇。将吉姆萨染料放入研钵中，加少量甘油充分研磨至无颗粒，将甘油全部倒入，放入恒温箱中保温溶解 4 h，再加甲醇充分溶解混匀，过滤后贮于棕色瓶中，贮存时间越久染色效果越好。商品化试剂按说明书配制使用。

(3)吉姆萨染液：量取 2 mL 吉姆萨原液，3 mL 磷酸盐缓冲液，5 mL 水，混合摇匀，现配现用。商品化试剂按说明书配制使用。

3. 染色步骤

(1)在“原精液活力检测样品制备”所述的 1 mL PE 管中吸取 10 μL 精液样品滴于载玻片一端，用另一边缘光滑的载玻片与有样品的载玻片呈约 35°夹角，先浸润与样品接触的边缘向另一侧缓慢推动，将样品均匀地涂抹在载玻片上，自然风干(约 5 min)，每样品制作 2 个抹片。

(2)将风干后的抹片浸没于放有吉姆萨染液的染缸中，染色 15 ～30 min 后用水冲去染液，晾干制成染片，待检。

(3)将染片置于 400 倍镜下观察，观察顺序为从左到右，从上到下。

(4)根据观察到的精子形态，按图 4-25 所示，判定正常精子和畸形精子，且一边观察，一边用计数器计数，累计观察约 200 个精子，分别记录精子总数和畸形精子总数，拍照保存该样品的图片。

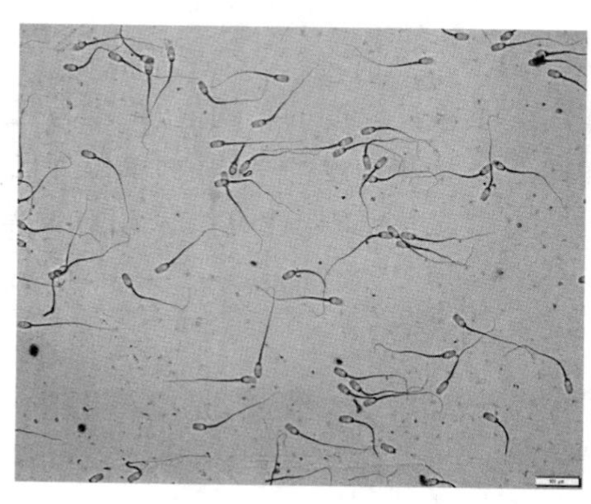
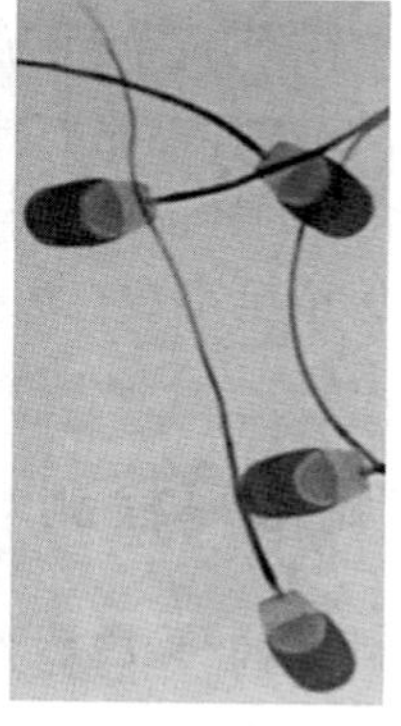

图 4-25 猪精子吉姆萨染色

(左图为 100 倍视图，右图为 1 000 倍油镜放大视图)

4.3.5.2　伊红染色法

1. 仪器设备与耗材

与吉姆萨染色法相同。

2. 染液配制

精子活体染色液伊红 A 液；精子活体染色液苯胺黑 B 液。

3. 染色步骤

(1)在“原精液活力检测样品制备”所述的 1 mL PE 管中吸取 10 μL 样品和 20 μL 精子活体染色液伊红 A 液，放入 EP 管中，轻摇混匀，放置约 30 s。

(2)加入 30 μL 的精子活体染色液苯胺黑 B 液，混匀制成精液、伊红和苯胺黑混合液，放置 30 ～60 s。

(3)用移液器吸取精液、伊红和苯胺黑的混合液 10 μL 滴于载玻片一端，按“吉姆萨染色法”制作 2 个抹片。

(4)按“吉姆萨染色法”对两个抹片分别进行镜检。

4.3.5.3　考马斯亮蓝染色法

1. 仪器设备与耗材

与吉姆萨染色法相同。

2. 染液配制

将考马斯亮蓝 R250 50 mg 溶于 100 mL 蒸馏水，煮沸溶解，0.45 μm 滤膜过滤。加入 3.5 mL 高氯酸，配成 CBB 高氯酸染色液。

3. 染色步骤

风干的精子涂片置于 CBB 高氯酸染色液中浸染 5～7 min；水洗，干后镜检。也可直接将染色液滴于玻片上染色。

4.3.5.4　不同畸形精子的形态示意图

1. 形态正常精子

形态正常精子见图 4-26 至图 4-28 所示。

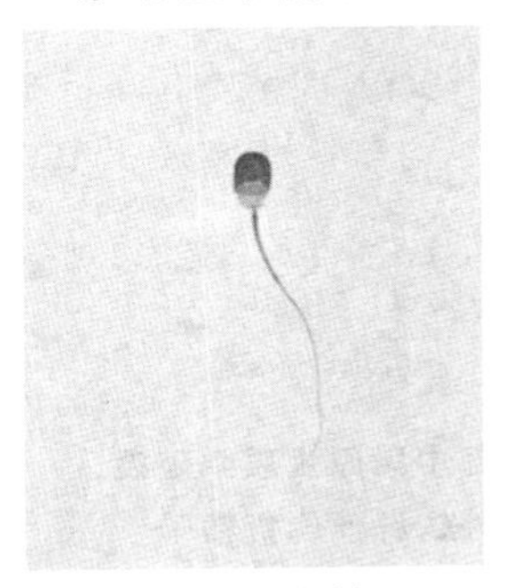

图 4-26　正常精子 1

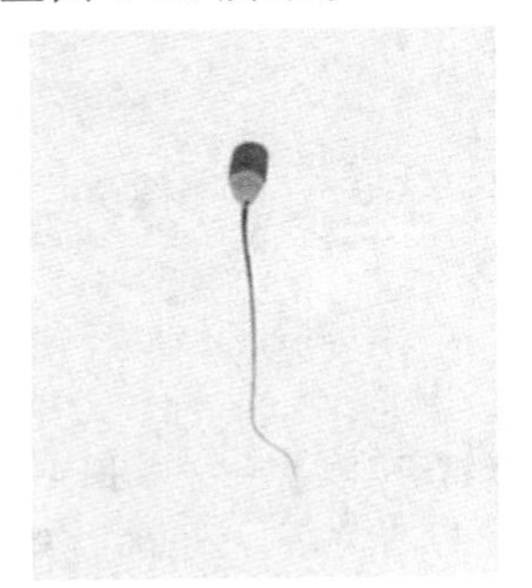

图 4-27　正常精子 2

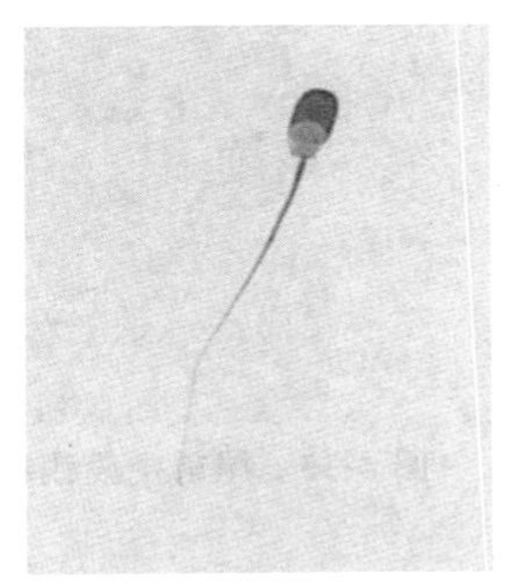

图 4-28　正常精子 3

(郑友明，家畜精子形态图谱，2013)

2. 头部畸形精子

头部畸形精子如图 4-29 至图 4-34 所示。

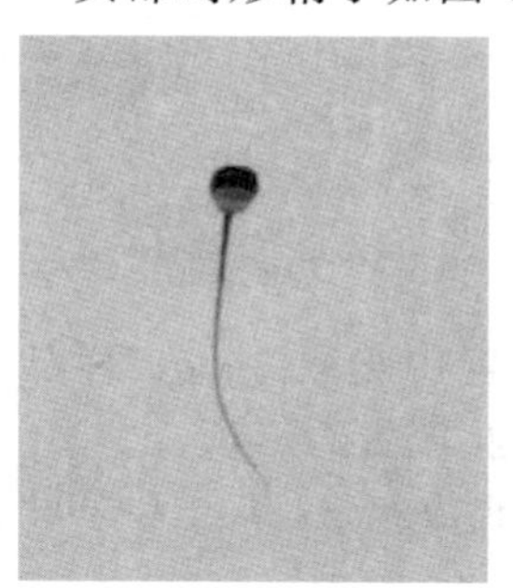

图 4-29　大头精子

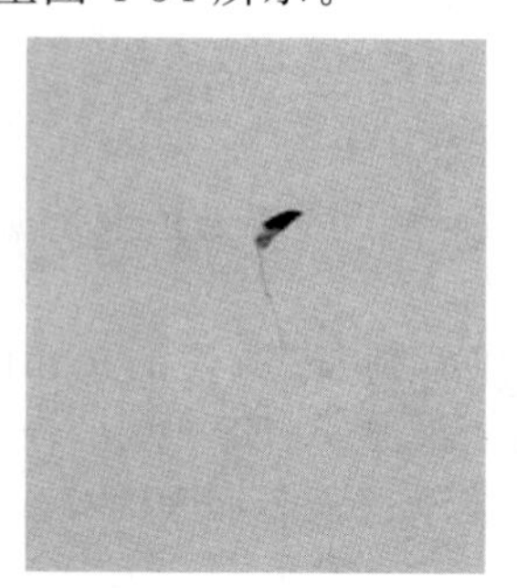

图 4-30　小头精子

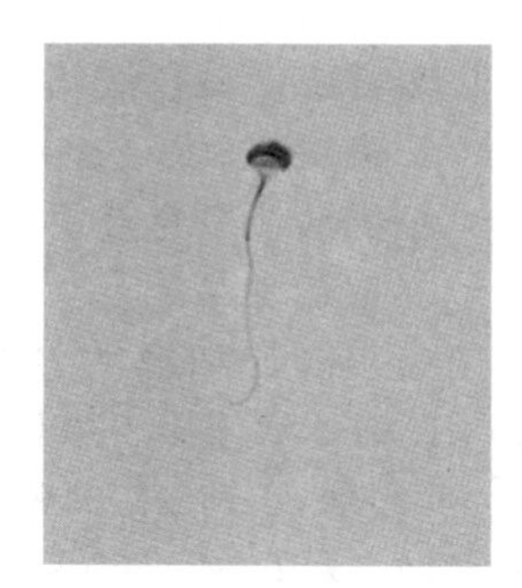

图 4-31　圆头精子

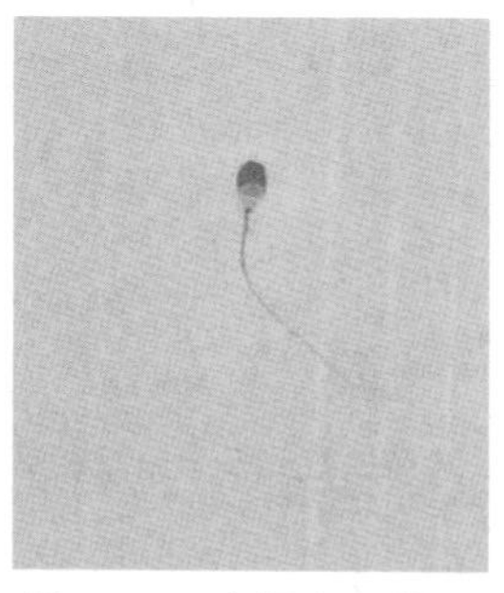

图 4-32　头部突起精子

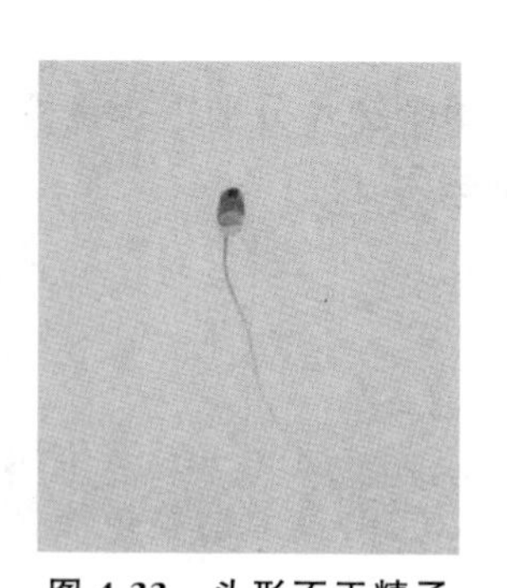

图 4-33　头形不正精子

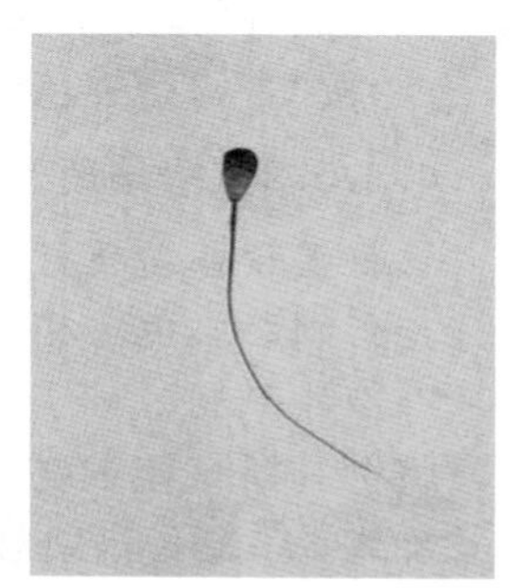

图 4-34　基部狭窄精子

（郑友明，家畜精子形态图谱，2013）

3. 中段和颈部畸形精子

中段和颈部畸形精子如图 4-35 至图 4-36 所示。

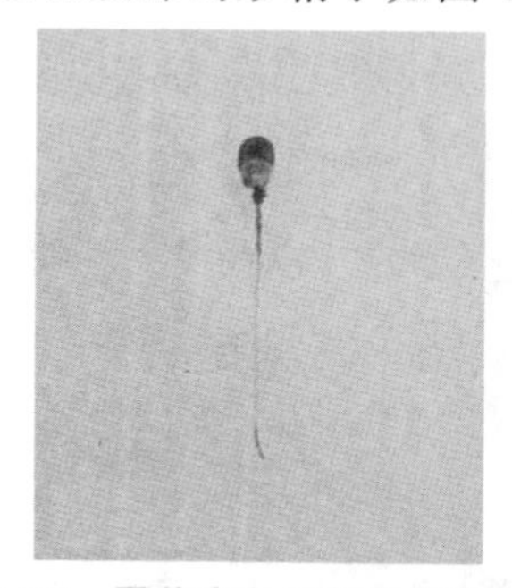

图 4-35　尾前中段线粒体膨胀精子

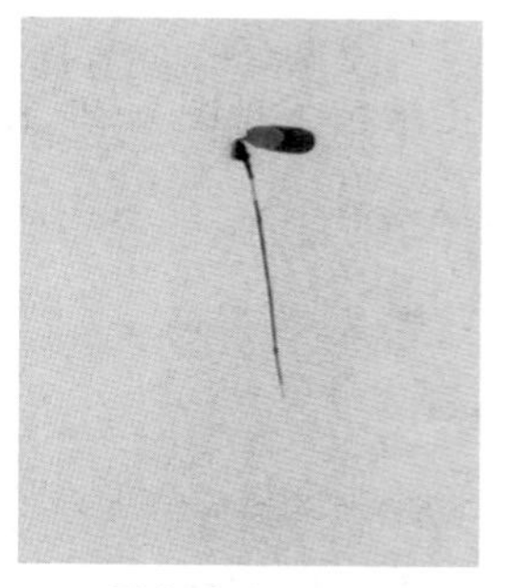

图 4-36　尾部中段原生质膜破裂，线粒体膨胀，纤丝倒折精子

（郑友明，家畜精子形态图谱，2013）

4. 尾部畸形精子

尾部畸形精子如图 4-37 至图 4-41 所示。

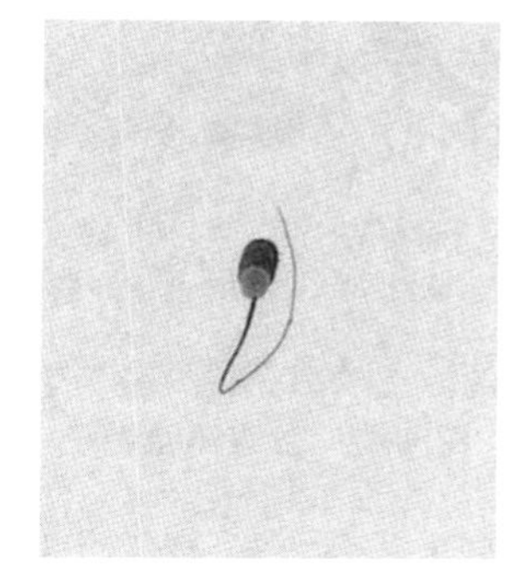

图 4-37　尾部中段弯折精子

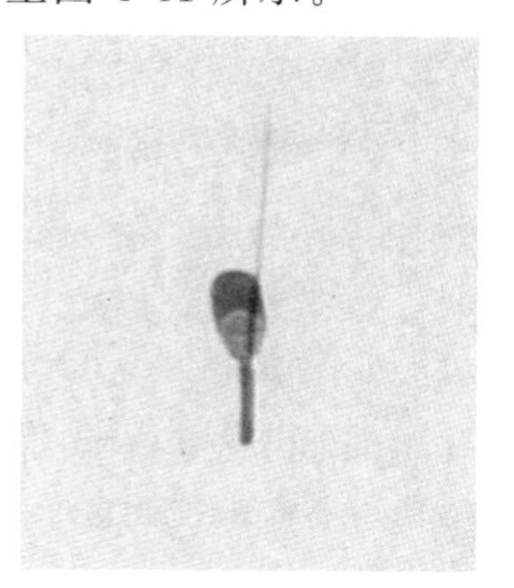

图 4-38　尾部弯折精子

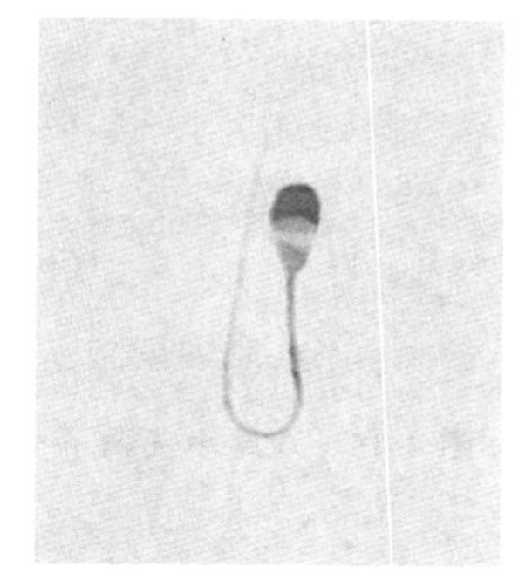

图 4-39　尾部中段弯曲精子

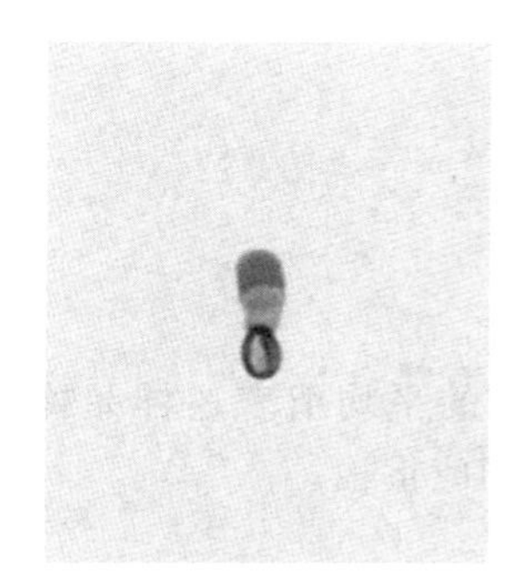

图 4-40　尾部严重卷曲精子

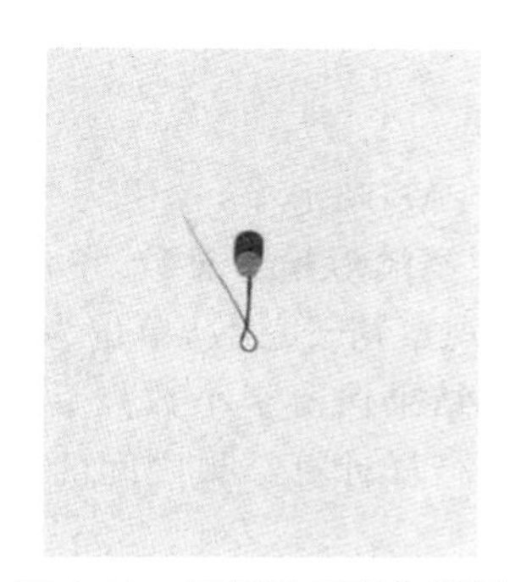

图 4-41　尾部严重弯曲精子

（郑友明，家畜精子形态图谱，2013）

5. 其他畸形精子

其他畸形精子如图 4-42 至图 4-47 所示。

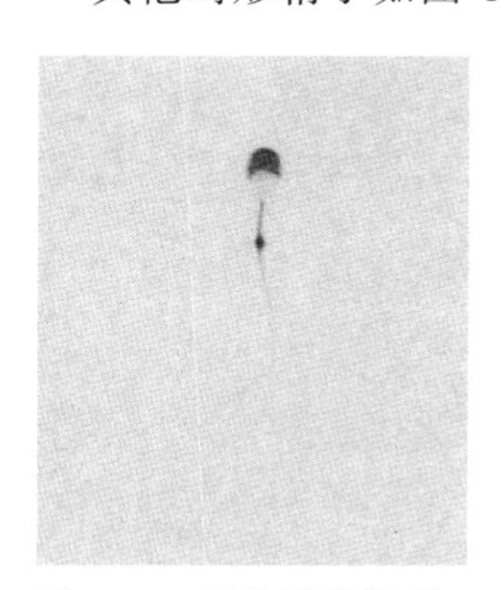

图 4-42　原生质滴精子 1

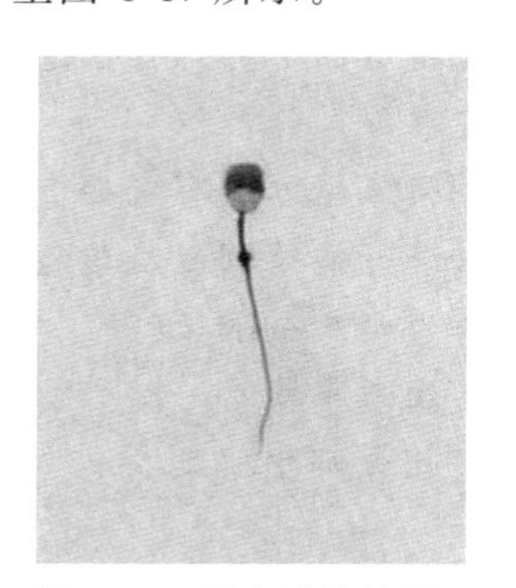

图 4-43　原生质滴精子 2

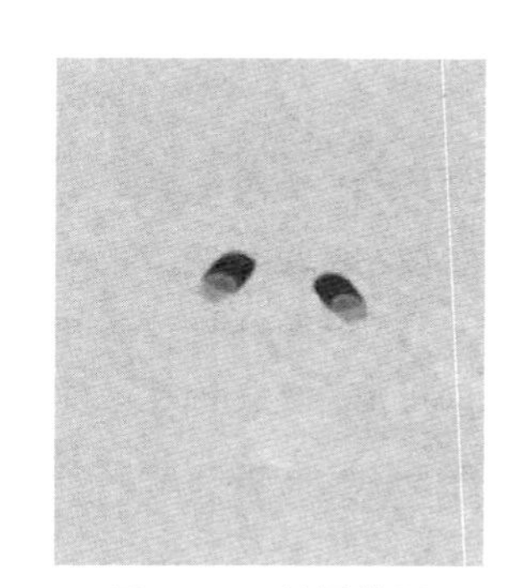

图 4-44　断尾精子

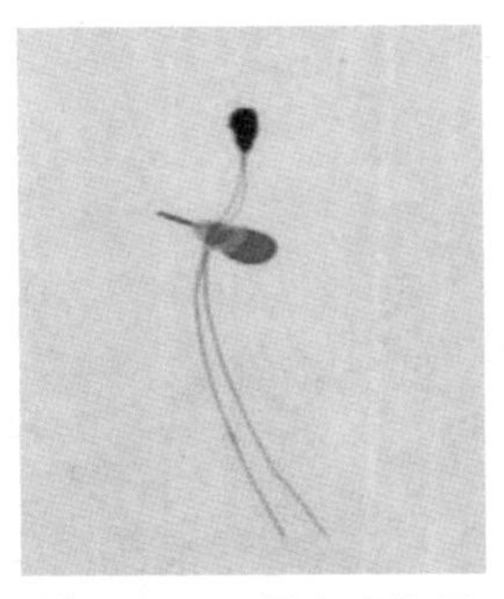
图 4-45　双尾小头精子

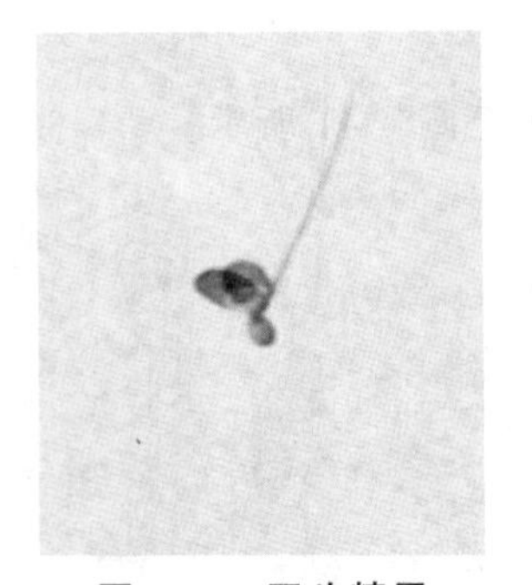
图 4-46　双头精子

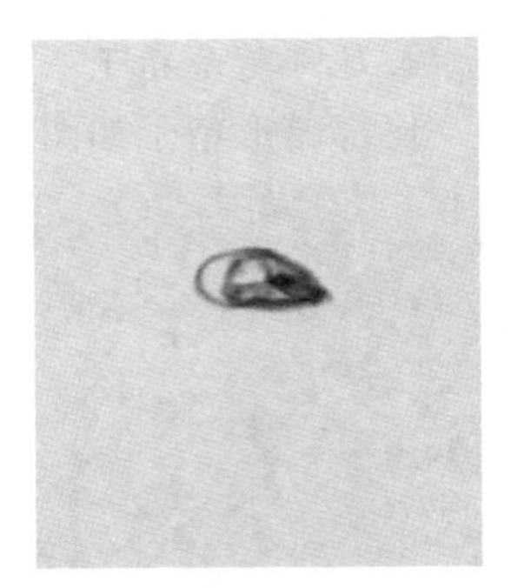
图 4-47　发育不全精子

（郑友明，家畜精子形态图谱，2013）

4.3.5.5　精子畸形率的计算

精子畸形率按下式计算

$$Ai = (A/A0) \times 100\%$$

式中：Ai：畸形率，单位为%；

A：观察畸形精子总数，单位为个；

$A0$：观察精子总数，单位为个。

计算结果保留至小数点后 1 位，用两个平行样的平均值表述样品检测结果。若两个平行样计算结果之间的绝对差值大于 6%，则应重检。

思考题

1. 后备公猪一般多大年龄开始采精调教？
2. 公猪调教过程中应注意哪些问题？
3. 用于精液冷冻的公猪采精前应了解哪些信息？
4. 公猪采精前应做好哪些准备工作？
5. 目前在生产中常用的公猪采精方法有哪些？
6. 使用手握法采精对公猪进行采精调教应该怎样操作？
7. 公猪射精过程中一般分为哪三个阶段？
8. 公猪采精过程中有哪些注意事项？
9. 公猪精液品质检测一般包含哪些项目？

第5章

猪冷冻精液制作关键技术

【本章提要】以猪冷冻精液生产的流程为主线，详细介绍了猪冷冻精液生产的相关技术。主要包括猪精液冷冻之前的处理、猪冷冻精液的剂型及其制作、猪精液的冷冻和解冻方法及猪冷冻精液的贮存，并以一个冷冻精液的生产方法为示例，具体地介绍了猪冷冻精液生产的生产技术流程，希望能让读者了解猪冷冻精液的生产和制作。

5.1 猪精液冷冻前的处理程序

猪精液冷冻前的处理包括原精液的采集和品质鉴定，以及专用冷冻稀释液的准备。只有质量过关的原精液才能用于冷冻精液的制作。制作猪冷冻精液所需的原精液的采集及品质鉴定方法详见本书的第 4 章。适合的冷冻稀释液可以明显提高冷冻精液质量、增加人工授精成功率。现阶段我国猪冷冻精液生产技术达到了国际领先的水平，主要就是在冷冻稀释液的配方上的研究取得了长足的进步。配制稀释液之前需要将配制所需器材进行消毒杀菌，并在无菌环境下进行操作，配制完成后需要测定稀释液的 pH、渗透压。冷冻稀释液成分及作用和冷冻稀释液的配制详见本书的第 6 章。

5.1.1 原精液的检查

通常认为，猪精液在离体 2 h 后，若不做任何处理，精液的品质会下降，进而影响冷冻精液的质量。原精液的采集和精液质量检测的图片和视频见本书第 4 章。原精液采出后，首先检查收集到的精液颜色和气味。略带腥味、乳白色的精液用保温杯(箱)装好，于 2 h 之内送达实验室(生产车间)。原精液到达实验室立即镜检。

活力>0.9、密度为 $2.0\times10^8\sim4.0\times10^8$/mL 的原精液(中国地方猪品种除外)可用于制作冷冻精液。

5.1.2 原精液的稀释和平衡

原精液经检测合格后须立即进行预稀释,此次稀释与常温精液的稀释过程相同,可采用常温精液的稀释液进行稀释。通常情况下须等温等体积加入所配制好的稀释液进行稀释。如果原精液的密度较大,也可进行 2 倍稀释。稀释时应注意要把稀释液缓慢倒入原精液中,不可以把原精液倒入稀释液中。

预稀释好的精液先在室温(约 25 ℃)下静置平衡 1 h 左右,若室温过低或过高,应在 25 ℃恒温箱中培育 1 h,然后转移至 17 ℃恒温箱(图 5-1)中平衡 2~4 h,其间不定时对精液进行轻揉摇匀操作。17 ℃恒温箱保存是目前常温精液的标准保存方法,故此步骤所需时间相对灵活。如果原精液送至实验室时间较早,可在此处平衡 2~4 h 后进行离心并完成后续工作。有些研究人员在猪冷冻精液制作过程中,遇原精液送至实验室时间较晚的情况,让预稀释好的精液在 17 ℃平衡过夜,第二天早上再做离心和后续的精液冷冻程序。此法可以减少晚上加班的工作压力。但猪冷冻精液的生产企业完全可以保证或者要求原精液的供应时间,确保猪冷冻精液生产程序的一气呵成。

图 5-1　17 ℃恒温箱

5.1.3 精液的离心浓缩

17 ℃降温平衡结束后,先对精液做离心浓缩处理(图 5-2)。离心不仅是因为公猪精液量大而精子密度不高,需要缩小体积,有利于精液冷冻生产与保存,而且可以除去精清。因精清中存在影响精液冷冻和解冻效果的因子。因此,离心已是精液冷冻过程中一项通用的技术要求。普遍采用的离心参数分为低离心力、长时间离心(17 ℃ 800×g,10~25 min)和高离心力、短时间离心(17 ℃ 2 300×g,3~5 min)两种。精液离心的关键技术要点是对离心力和离心时间的把握。离心力过高或离心时间过长对精子有伤害。结合现有的研究成果和猪冷冻精液生产的实际效果,猪冷冻精液生产一般在 17 ℃条件下 800×g 离心 10 min。

离心机常规配置的离心管规格为 10~500 mL。离心管配置越大,离心机价格越贵。猪的精液量较大，且离心前的精液已经经过稀释，体积进一步增加，因此建议有条件的单位采用配有 100 mL 以上离心杯的专用离心机离心，既可提高工作效率，也可减少精液因离心时间间隔过长导致质量降低的问题。

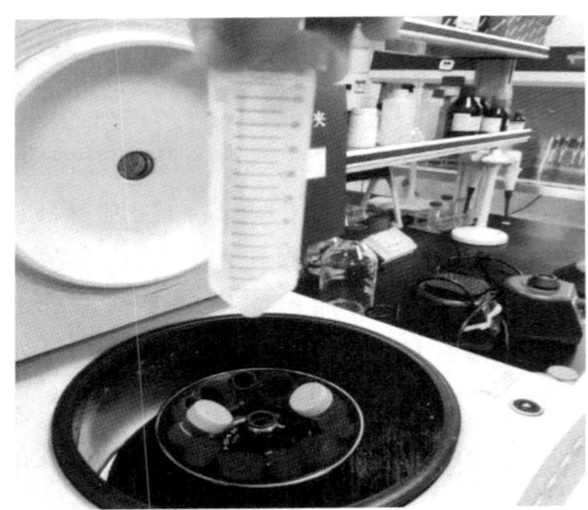

图 5-2　离心浓缩

5.1.4　浓缩后精液的稀释与冷却平衡

5.1.4.1　冷冻保护液的配制和预处理

冷冻保护液可以购买市场上销售的成品，按照说明书进行配制，也可按照配方自行配制。具体方法见本书第 6 章。配制好的冷冻保护液在使用之前要进行预热或预冷处理，使保护液的温度与对应处理的精液温度一致。

5.1.4.2　稀释方法

猪精液离心后须弃去上清液，用冷冻稀释液重悬浮，使冷冻保护物质与精子充分接触，可以提高精子的抗冻能力。依据稀释的次数和添加物质的不同，可将猪精液的冷冻前稀释分为 3 种方法(应注意稀释时必须等温稀释)，分别是一次稀释法、两次稀释法和三次稀释法。

一次稀释法是不做离心处理，直接将精液和冷冻稀释液按比例稀释到所需倍数后直接进行冷冻保存。此法为杭州市农业科学研究所等单位在20世纪70年代开展猪冻精研究时采用的。当时因条件所限，研究单位没有配置离心机。

二次稀释法是将离心后的精液和冷冻稀释液（不含甘油）按比例稀释到冻精终浓度的一半，完成第一次稀释。经4 ℃条件下平衡2～4 h后，再以1∶1比例加入等温冷冻稀释液（含甘油）并混匀，完成第二次稀释。

三次稀释法是先在30 ℃条件下按脱脂奶∶浓精＝2∶1混合，然后用蔗糖-卵黄液与原精液量按1∶1进行第二次稀释，最后用含甘油的蔗糖-卵黄液与原精液按1∶1进行第三次稀释。稀释完成的精液在37 ℃左右条件下用显微镜检测精子活力，以其不低于原精液为宜。此法是北京市畜牧兽医站等单位在早期冻精研究中采用过的试验性方法。

早期杭州市农业科学研究所等的一次稀释法，广西畜牧所等的二次稀释法，北京市畜牧兽医站等的三次稀释法，均取得了良好的效果。但这个良好的效果与现在猪冷冻精液解冻后活力达到0.7以上的差距还是很明显的。

目前国内生产猪冷冻精液大都采用二次稀释法。主张二次稀释者认为，甘油对精子有一定的毒害作用，而且毒害的程度，随着稀释液温度的增高而加剧。Wilmut和Polge(1974)的研究证明，在35 ℃，甘油能使猪的精子很快停止运动。在20 ℃，甘油能使精子在几小时内失去受精能力。在15 ℃，甘油也能使精子活率明显下降。Niwa(1964)的试验证明，在5 ℃，用含有5%甘油的稀释液，将猪的精液保存45～76 h，仍可获得71%的受胎率。所以为了减轻甘油对精子的不利影响，先用不含甘油的稀释液做第一次稀释，冷却到0～5 ℃，再用已经冷却到同等温度的含有甘油的稀释液作第二次稀释。

5.1.4.3 冻精密度

Osinowo等(1977)指出，精子密度在2.5亿～20亿/mL时，冷冻后的精子活率随着精子密度增加而下降。Rohloff(1972)指出精子的最大密度以6亿～7亿/mL为限，过大则冷冻后活率下降。但是近几年我国猪冷冻精液保存技术的研究发现，由于稀释液配方和冷冻解冻程序的改进调整，精子密度为5亿/mL、10亿/mL和20亿/mL的情况下，解冻后的活力都能达到0.7以上。精子密度的提高，减少了单次配种所需解冻细管的支数，方便了猪冷冻精液在生产实践上的应用。

5.1.4.4 冷却平衡

精液冷却平衡是精液进行冷冻保存前必须经历的过程，是指稀释后的精液放置在低温下经历一定的时间。冷冻稀释后的精子须逐渐适应温度的下降，这也是精子细胞重新构建稳定离子结构的过程。当精液添加冷冻稀释液后，可以促进精子适应温度剧烈下降的过程，进而避免精子受到“低温打击”而造成的损伤。具体方法是，离心弃去上清液的精液沉淀，添加冷冻稀释液重悬浮后，在4 ℃条件下平衡2～4 h。

在稀释液中加入一定数量的卵黄后，可以保护精子，降低温度变化的不利影响。但稀释后的精液冷却到平衡温度的速度仍不能过快。平衡这种操作方法是科研人员在研究牛精液冷冻方法时最先提出来的。经过平衡处理会提高精液冷冻保存的效果。平衡温度在欧美各国通常为4～5 ℃，这是普通冰箱经常保持的温度，但在苏联多主张在0 ℃进行。此外，还有人主张在－5 ℃进行。但平衡的机制至今尚未弄清楚。起初有人认为是为了使甘油有充分的时间渗透到细胞内部，但是后来查明甘油能很快地进入细胞，所以有人认为采用这一步骤可能与细胞的离子平衡的变化有关。精子在稀释后重建离子的平衡，可能需要一定时间。还有人认为在低温下平衡一段时间，可以增强精子的耐寒性，为下一步低温冷冻做好生理上的准备。

5.2　不同剂型冷冻精液的制作

冷冻精液的剂型指精液在冻前用不同的载体分装或冷冻成不同的形状。在冻精的发展历程中，研究人员和生产者们尝试过制作不同的冻精剂型，如有不用载体直接滴冻的颗粒冻精、塑料细管(0.25 mL、0.5 mL、1.0 mL、3.0 mL和5.0 mL等多种规格)、玻璃安瓿、扁平袋、载片等为载体制作的冻精剂型(表5-1)。现在国内外大部分的猪冷冻精液产品都在采用细管冻精，采用颗粒冻精占比例很小，其他剂型已经很少使用。各种剂型在制作、标记、冷冻、保存及应用等方面各有利弊。从现在的技术角度来看，细管冻精优点较多。

表5-1　冷冻精液剂型的分类

冻精剂型	报告者、年代及国家	主要特征	使用国家及地区	应用的动物
塑料细管	Cassou 1964 法国	容量0.25 mL、0.5 mL、1.0 mL、2.0 mL、5.0 mL塑料细管内冷冻	欧洲、大洋洲、南美、美国、加拿大、日本、中国	牛、马、绵羊、犬、人、猪
安瓿	Folge和Rowson 1952 英国	使用0.5 mL、1.0 mL的玻璃安瓿	美国、加拿大、中国	牛、马、鸡、绵羊

续表 5-1

冻精剂型	报告者、年代及国家	主要特征	使用国家及地区	应用的动物
扁平袋	Rajamannan 和 Gaham 1968 美国	塑料薄层的矩形袋，袋内为薄层状，精液 5～10 mL	日本、瑞典、美国	牛、猪
载片	Bialy 和 Smith 1957 美国	载玻片和盖玻片中的精液直接在干冰上冷冻		牛
颗粒	永濑弘 1962 日本	0.05～0.2 mL 的精液滴在干冰上或经预冷的金属板的半圆状小孔里进行冷冻	欧洲、南美、古巴、中国、苏联、以色列、越南	牛、马、猪、兔、山羊、绵羊、鸡、鹿、狼、犬、人

5.2.1 塑料细管

塑料细管剂型是 20 世纪 60 年代中期兴起的冷冻精液新工艺，国外统称细管为“Straw”，原意为“麦管”。1936 年，在苏联首次应用，将精液注入内径 5～6 mm 的芦苇管或蜡纸管内，两端用石蜡封口。1938 年，此法传入丹麦，并改用醋酸纤维素塑料管，得到广泛应用。1950 年，法国人 Cassou 发明用吸水后能膨胀的聚乙烯醇粉末代替石蜡封口。1964 年他又首创了聚氯乙烯复合塑料细管，长度 133 mm，容量有 0.5 mL 和 0.25 mL 两种。1968 年开始使用，1974 年有 39 个国家采用，现在全世界各国都在使用。

以塑料细管作为冷冻精液的载体，被统称为细管冻精（图 5-3），它具有以下优点：①细管冻精在冷冻、解冻、保存、运输和使用过程中保持清洁卫生，可提高防疫安全级别；②细管容积小、管壁薄，适于快速冷冻且冷冻均匀，在快速解冻时升温一致，提高了解冻后精子活力，进而提高配种的受胎率；③现有的打印技术可以直接在细管上喷码冻精的主要信息，清楚明确，而且不易磨掉，对保种和育种工作起积极作用；④细管冻精可实现全自动机械化生产，提高生产效率和经济效益；⑤细管冻精能够做到剂量标准化，在用于配种时方便、省时、省力。

塑料细管作为载体，在经历大跨度的温度变化（从熏蒸到投入液氮），精液由液态变为固态时，会出现细管炸裂的现象。在解冻的过程中也会出现。建议采购质量较好的细管，同时注意在装入精液时吸入少量的空气，减少精液结冰膨胀导致的细管炸裂。全自动机械化生产过程，灌装和封口一气呵成，这一问题能得到有效地解决。

图 5-3　细管冻精

5.2.2　颗粒

颗粒型冷冻精液简称颗粒冻精，即将冷却平衡好的精液直接滴在用液氮冷却的氟板或干冰上，使之迅速冷冻形成固体颗粒。

20 世纪 50 年代苏联研究者们首次将动物精液滴于液氮冷却的金属板上制成固体精液颗粒。1962 年日本永濑弘等改进了此方法，他们将加了冷冻稀释液且冷却平衡过的精液滴在干冰上（或将干冰压实，扎成小洞，将精液滴入洞内），制成 0.05～0.2 mL 大小的颗粒，然后收集贮存于液氮中。此法具有操作简便、体积小、成本低及易收贮等优点，且精子解冻后的复苏率和受胎率不亚于安瓿法。故 1964 年第五届国际家畜繁殖和人工授精会议后颗粒冻精技术迅速推广到世界各地。但冻精颗粒的大小由制滴人的手法熟练度决定，颗粒大小不一且无法对颗粒进行标记；同时，冻精颗粒无任何外在包装，直接暴露于液氮中，容易被杂菌污染，不利于长期保存。

5.2.3　其他剂型

5.2.3.1　安瓿

安瓿主要是用硅酸盐硬质玻璃制作，容量多为 1.0 mL。以安瓿作为冻精载体的方法最早始于 20 世纪 50 年代，美国、加拿大、德国、罗马尼亚等国使用较多。它具有剂量标准，标记明显，卫生条件好，使用方便等优点。但也有体积大，保存占地多，制作工艺麻烦，破裂及封口不严的安瓿解冻时易爆炸等缺点，冻精生产中已被其他方法替代。

5.2.3.2　扁平袋

以扁平塑料袋作为冻精载体，是因为扁平袋的表面积/容积的比例较大，在冷冻和解冻过程中热传递相对均匀，能迅速完成袋内精液的冷冻和解冻，降低精子的损伤，冻后活力好。使用 5 mL 容积的扁平塑料袋制成的冻精可供 1 头猪输精，使用方便。但扁平袋冻精体积大，不适合放置在液氮罐里保存。目前，研究人员正在尝试改进扁平袋的材料和规格，使之能保证良好的冷冻效果，并适应于液氮罐保存。如 FP(Flat-Pack，300 mm×22 mm×0.2 mm)和 MFP(Multiple Flat-Pack)等。这种改进的保存承载工具目前仍处于研究阶段，尚未完全应用于商业生产。相配套的生产设备也比较少见。

5.2.3.3　载片

载片型不能用于输精，可用于精子耐冻性、平衡时间及精液冷冻前处理程序中相关因素的研究，可降低试验成本，提高工作效率。

5.3　精液的冷冻

不同剂型的精液因其剂型的限制，其冷冻方法也不尽相同，大体可以分为自动化的程序冷冻仪冷冻和手工的熏蒸冷冻。程序冷冻仪采用专用软件编程控制，能较准确地控制液氮的施放量，从而保证被冷冻保存的生物制品(包括精液)以可控的降温速率进行冷冻。该仪器具有操作简便、人机界面清楚、温度准确可控的特点，但程序化冷冻设备价格昂贵。手工熏蒸法大部分以液氮为冷源，用广口液氮罐或泡沫箱为容器，将各种剂型的精液在距液氮面一定的高度熏蒸一段时间后直接投入液氮冷冻保存。

5.3.1　细管型冷冻精液的冷冻

猪冷冻精液剂型主要有 0.5 mL、1.0 mL 和 5.0 mL 细管几种。普遍认为，细管剂型越大(即体积越大)，细管内不同部位猪精液冷冻降温和解冻升温速率较低且差异越大，精子的冷冻效果不如小剂型，但其优点是体积大、有效精子数多，解冻效率相对较高。目前，在猪冷冻精液商业化生产的精液灌装、封口等自动化生产设备多数是生产 0.5 mL 剂型。细管剂型的精液可以使用程序冷冻仪和手工熏蒸的方法进行冷冻。

5.3.1.1　细管的灌装

1. 手动灌装

使用注射器，去掉针头，将细管棉塞端套入注射器吸头，开口端插入平衡好的精液中。先吸入半管精液，再吸入 1 cm 左右的空气，最后吸满细管，使用超声波或聚乙烯醇粉末进行封口(图 5-4)。该方法制作猪冷冻精液的生产效率极低,操作人员与灌装器械和处理后的精液接触时间过长,对冻精质量的一致性有一定影响,并不适用于精液量较大的猪冻精制作。

图 5-4　注射器灌装细管

2. 半自动灌装

把细管整齐排列在细管架上,使用半自动灌装机,按照使用说明进行灌装(不同类型半自动灌装机使用方式不同),灌装后可使用超声波封口或封口粉封口(图 5-5)。

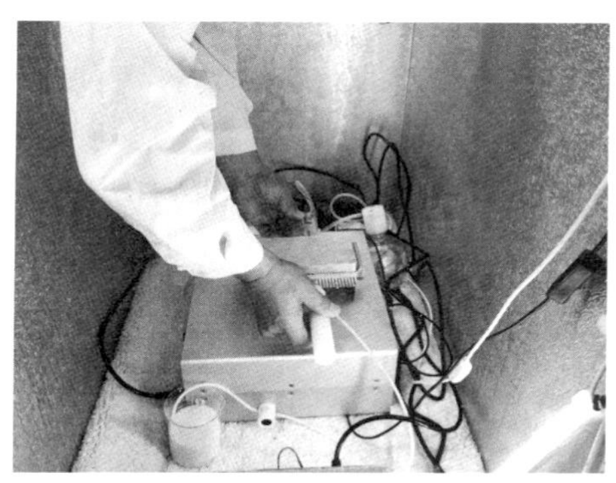

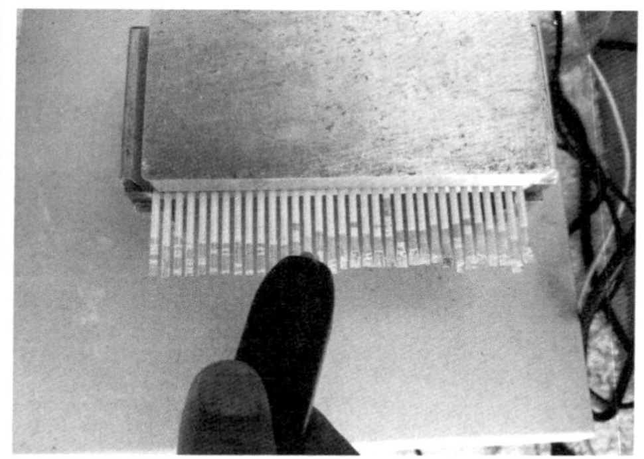

图 5-5　半自动细管灌装与封口

3. 全自动灌装

全自动灌装机具有灌装速度快,灌装量准确,操作简单等优点,但设备价格昂贵。操作方法按照全自动灌装机携带的使用说明进行操作(图 5-6)。

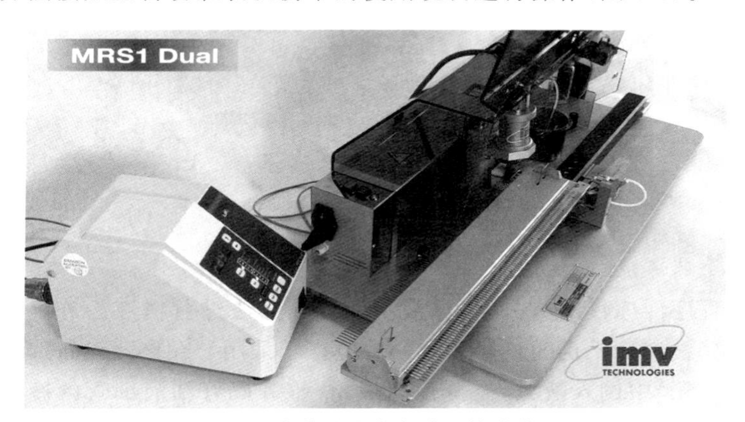

图 5-6　卡苏单头全自动细管灌装机

5.3.1.2 细管的冷冻

1. 程序冷冻仪冷冻

程序冷冻仪可以为动物精液的冷冻提供稳定可控的降温程序，具有简便、耐用、可重复、可信赖等特点。由于不同动物的适宜降温程序各有差异，故选择程序冷冻仪冷冻猪的细管精液时，需要选用猪专用的精子降温程序。猪精子常用的理论降温曲线在－10～0 ℃降温速率为 3.3 ℃/min，－100～－10 ℃降温速率为 45 ℃/min，－140～－100 ℃降温速率为 20 ℃/min。

现在国内销售的专用于生产猪细管冻精的程序冷冻仪至少有 3 个品牌。国外的以法国卡苏(图 5-7)和德国米尼图为代表，国内的以田园奥瑞为代表。也有一些非专业的制冷设备可用于生产细管冻精，但专业性不足，需要在使用中进行反复的调整和改进。

在冷冻精液前，应提前打开程序冷冻仪，设置好程序，稳定在预冷待机状态。然后将灌装好的细管整齐码于冷冻托架上，并迅速转移至冷冻腔室内，启动冷冻程序。通过计算机软件系统控制冷冻腔室内降温速度。程序运行结束，打开冷冻仪盖板迅速将细管冻精移入液氮中，将冻精细管分装至小布袋或贮精筒并标记好，最后置于液氮罐中保存。程序冷冻仪可参照不同设备的产品说明书进行操作和程序设置。

图 5-7　法国卡苏程序冷冻仪

2. 液氮熏蒸冷冻

在没有程序冷冻仪的情况下，可采用液氮熏蒸法进行精液冷冻。此法操作简便、经济实惠，被经费不足的科研和生产单位广泛采用。在熏蒸设备(图 5-8)(广口液氮罐或泡沫箱)中倒入液氮，充分预冷后，将整齐码好精液细管的冷冻托架放入其中，盖上泡沫盖子，7～10 min 后把细管投入液氮中完成冷冻。要求先测量托架上的细管位置与液氮面的距离，使细管距离液氮面 2～3 cm。同时液氮的深度要不少于 5 cm，以保证足够的冷冻能力。如果有超低温温度计，可在细管等高的位置上放置感温探头，随时监测熏蒸温度，避免温度变化过大。

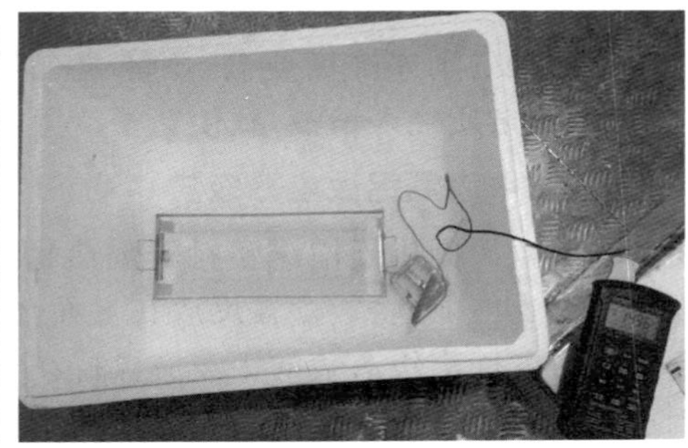

图 5-8　液氮熏蒸设备

5.3.2　颗粒型冷冻精液制作方法

颗粒冻精曾经是最常用的冻精制作方法。制作颗粒冻精主要分为快速冷冻法(直接滴入到干冰/液氮等冷源中)和慢速冷冻法(液氮熏蒸法)。前者是用滴管将添加冷冻稀释液并经过降温平衡的精液直接滴入干冰/液氮等冷源中，一滴精液的体积为 0.1～0.2 mL。后者是先将精液滴到距液氮面 2～3 cm 的铜网或氟板上(图 5-9)，再经液氮蒸汽熏蒸一定时间后浸入液氮中。液氮熏蒸时，铜网或氟板表面温度保持在－150～－130 ℃。此法所需设备简单，在各地推广应用过程中，研究人员创造出许多好方法，如液氮铝饭盒冷冻法、液氮铜纱网漂浮法及氟板冷冻法等。

图 5-9　制作颗料冻精(氟板滴冻)

5.3.2.1　干冰冷冻法

市售的固态干冰主要有块状和雪花片状两种形态。块状干冰的密度大，升华的速度也较慢。精液滴冻前可以在干冰块的表面用直径 0.5 cm 左右的玻璃棒扎成一行行深约 2 cm 的小孔。若只有雪花状的干冰，则需先将雪花状干冰倒入一个较大的容器中，捣碎、铺平、压实，厚度应在 4 cm 以上，然后再扎小孔。

干冰孔制好后，用滴管吸取经过冷却平衡的精液，滴入干冰孔内，尽量控制在

0.1 mL/滴。边滴边用干冰覆盖或全部滴冻完毕后再用干冰覆盖。精液滴冻完毕，静候3～5 min后铲去上层的干冰，用镊子(应先在干冰中预冷)捡出精液颗粒，迅速放入已经事先埋在干冰的瓶中，盖好小瓶的盖子，然后移入干冰或液氮中保存。

制作冻精的干冰纯度要高，不能含有降低精子活力的有害杂质(如酒精等)。否则解冻后，杂质混入精液，致使精子活力下降，甚至全部死亡。

5.3.2.2 液氮铝饭盒冷冻法

将铝饭盒周围用硬泡沫塑料等隔热物质包裹起来，以减少液氮的挥发。然后向饭盒内注入液氮，将饭盒盖反放在上面，液氮的迅速蒸发，液氮蒸气使饭盒冷却。饭盒内的液氮面离饭盒盖的距离应保持在1 cm左右。为了使饭盒盖充分冷却，也可倒少许液氮放于饭盒盖上，待盖子上的液氮完全蒸发后即可开始滴冻。滴冻颗粒大小约0.1 mL。滴冻要迅速，颗粒大小要均匀。精液滴冻完毕，静候1 min后，再向饭盒盖里注入少量液氮，使颗粒脱离饭盒盖底部(铝板)，并收集冻精颗粒于纱布袋中，做好标识，放入液氮罐中贮存。

5.3.2.3 液氮铜纱网冷冻法

选用70～120目的铜纱网焊在方形或圆形的钢丝框上，就做成了冷冻精液用的铜纱网。将铜纱网放在硬泡沫塑料框上，使之漂浮在液氮面之上，通过调试使铜纱网与液氮面的距离为1 cm左右。铜纱网可随液氮的增加或减少而升降，始终与液氮面保持一定的距离。或将铜纱网放在固定高度的支架上，通过添加液氮来调整铜纱网与液氮面的距离，使铜纱网与液氮面始终保持1 cm左右的距离。滴冻之前，应先将铜纱网在液氮中预冷，滴冻方法与铝饭盒法相似。

5.3.2.4 液氮氟板冷冻法

氟板冷冻法是利用聚四氟乙烯板(简称氟板)导热性差、热容量高和温度升降变化慢的特点来冷冻颗粒精液。氟板厚5～7 mm，根据液氮容器大小制成小块，并且在氟板上挖出直径为4 mm，深为2 mm，排列整齐的小坑。氟板冷冻精液的方法有两种。一是先将氟板置冰箱中预冷，使氟板与平衡后的精液温度一致，再将平衡后的精液滴入每个小坑。滴完后，把氟板移至浸泡在液氮里的支架上，氟板距离液氮面约5 cm。氟板在液氮面上静置熏蒸10 min左右，将氟板浸入液氮中，收集冻精颗粒保存。二是将氟板放入液氮内预冷，直到液氮不再沸腾，之后从液氮中取出氟板，置支架上停放1～2 min后迅速滴冻。滴冻方法同前，全部滴完后，再停1 min，最后放入液氮收集保存。

5.3.2.5 其他剂型精液的冷冻方法

1.安瓿冻精

将添加冷冻稀释液的精液分装至硬质玻璃材质的安瓿瓶(0.5 mL和1.0 mL)，

用火焰加热上部的开口处,玻璃受热变软融化后用镊子夹住即封口。早期安瓿冻精的冷冻多用干冰酒精浴法,即将精液分装入安瓿封口后浸入预冷至 0～5 ℃的酒精浴槽内,再缓慢加入干冰,使酒精温度按一定速率下降。因为酒精的冰点是－117.3 ℃,故降到－79 ℃(干冰的温度)时,酒精也不会冻结,因而将酒精作为传导热量的介质,使每个安瓿温度保持一致。后来人们发现用液氮冻存精液效果更好,逐渐减少了干冰的使用。在广口液氮罐或泡沫箱中加入液氮,再把装有精液的安瓿平放在铜、铝框或尼龙网上,悬挂于距液氮面 2～3 cm 处,熏蒸 7～8 min,然后浸入液氮保存。安瓿冻精剂型具有成本低、可消毒及操作方便等优点,但解冻时常出现安瓿破裂的问题。目前基本不用于猪的冻精制作。

2. 扁平袋冻精

将添加了冷冻稀释液并经过降温平衡的精液注入到扁平袋中,然后用热封口机密封,再用液氮熏蒸法进行冷冻。因扁平袋冻精体积大,形状不适应液氮罐的存取因而实际应用极少。

3. 载片冻精

把稀释好的精液滴到载玻片上,盖上盖玻片,然后在冷源上熏蒸或用程序冷冻仪进行冷冻。

5.4 冷冻精液的存贮

5.4.1 精液冷冻保存的冷源和存贮容器

猪精液冷冻技术大多采用干冰、液氮等作为冷源,精液经过一系列抗冻处理后,放入干冰或液氮中冷冻保存,使精子细胞的代谢完全停止,以达到长期保存的目的。

5.4.1.1 冷源

1. 干冰

干冰是固态的 CO_2。在常温和 6 079.8 kPa 压强下,把 CO_2 冷凝成无色的液体,再在低压下迅速蒸发,便凝结成一块块压紧的冰雪状固体物质,其温度是－78.5 ℃,这便是干冰。现在干冰已经广泛应用到了许多领域。干冰蓄冷是普通冰的 1.5 倍以上,吸收热量后升华成 CO_2 气体,无任何残留,无毒性,无异味。经常用于保持物体维持冷冻或低温状态。

人们普遍认为在 1834 年法国化学家查理斯首先发现干冰并发表了论文。干冰被成功地工业性大量生产是在 1925 年美国设立的干冰股份有限公司。1924

年，汤玛斯·B·Slate申请商业销售干冰的美国专利。后来，他第一个成功地将制造干冰作为一个行业。1925年干冰(Dry Ice)美国公司用商标“干冰”(即现在的俗称)命名这种固体形式的CO_2，同年第一次销售干冰，用于制冷的目的。当时将制成的成品命名为干冰，但其正式的名称叫固体CO_2。

2. 液氮

液氮是液态的N_2，温度为－196.56 ℃。液氮具有无色、无味、无腐蚀性、不可燃等特性。氮气是空气的主要成分，占空气的体积比为78.03%，重量比75.5%。因此液态氮可从空气分馏得到。先将空气净化后，在加压、冷却的环境下液化，借由空气中各组分之沸点不同加以分离。在常压下，1 m^3的液氮可以膨胀至696 m^3的纯气态氮(21 ℃)。由于液氮的温度极低，人体皮肤与之接触会致其大量吸热而造成冻伤，且不可逆转。故在液氮的使用过程中要注意安全，以防冻伤。

液氮最早应用于工业生产中金属材料的深冷处理和精密零件的深冷装配等。现在被广泛用于生物和医药行业。因其具有化学惰性，可以直接接触生物组织，使之立即冷冻而不会破坏生物活性，被用于生物样品(包括精子、卵子、胚胎、细胞及组织等)的冻存及医疗手术制冷。如在外科手术中可以通过其迅速冷冻的能力帮助止血和去除需要切除的组织部位。

3. 冷源的选择

制作猪冷冻精液时选择干冰还是液氮作为冷源，需要根据具体情况而定。一是要有来源，而且容易获得，或者说是物美价廉。在使用效果一致的前提下，哪个便宜用哪个，这涉及科研和生产成本的问题。二是纯度问题，如果干冰不纯，那就得使用液氮，否则会影响产品质量。三是冷冻方法的需求，熏蒸法使用干冰和液氮都可以，程序冷冻仪要用液氮作为冷源。随着猪冷冻精液技术的研发和配套仪器设备的开发，液氮逐渐成为猪冷冻精液生产和贮存的主要冷源。

5.4.1.2 猪冷冻精液的存贮容器

能够存贮猪冷冻精液的容器或仪器设备有很多，如常见的液氮罐，此外还有超低温冰箱，保温瓶等。

1. 液氮罐

液氮罐是专门用来贮存液氮的特殊装备，是冻精最常用的贮运容器。按用途分，液氮罐一般可分为液氮贮存罐、液氮运输罐、自增压液氮罐等。

(1)液氮贮存罐(贮存型)(图5-10)：液氮保存时间长，适用于静置室内长时间保存活性生物材料，不宜在工作状态下做远距离运输使用。常规型号的液氮罐内一般配有3个圆形提桶，贮存型液氮罐可以用于标本、细胞等的低温保藏。

(2)液氮运输罐(运输型)(图5-11)：为了满足运输的条件，在内胆中加设了支承，耐运输和振动，适用于室内静置和长途运输两用。但在运输途中也应避免剧烈的碰撞和震动。

图 5-10 液氮贮存罐

图 5-11 液氮运输罐

(3)自增压液氮罐(图 5-12)：产品结构上设置有液氮汽化自增压管道，利用容器外边的热量，使少许液氮汽化产生压力，将液氮输出，在猪的冷冻精液生产中主要用于程序化冷冻仪的液氮程序化补充。

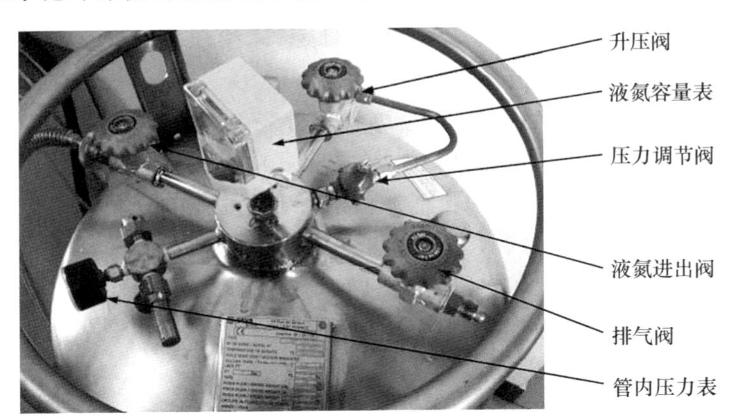

图 5-12 自增压液氮罐

2. 超低温冰箱

超低温冰箱又称超低温冰柜、超低温保存箱(图 5-13)，常见的有－40 ℃、－86 ℃、－125 ℃等几种超低温冰箱，主要用于电子器件、特殊材料的低温试验及血浆、疫苗、试剂、生物制品、化学试剂、菌种、生物样本等超低温保存。超低温冰箱用于精液的冷冻保存，实用性不大，又贵又重，还无法运输。

3. 保温瓶

即日常生活常用的热水瓶，由双层玻璃构成，玻璃内壁涂上水银，然后抽掉两层之间的空气，形成真空。这种真空瓶可使盛在里面的液体不论冷、热温度都保持一定时间内不变。现在使用较多的是不锈钢材质的真空保温瓶。这种保温瓶容积小，结构简单，仅适用于少量液氮或冻存样品的短距离转运。不能用于液氮和样品的长时间贮存和长距离运输。

图 5-13　超低温冰箱

5.4.2　冷冻精液的收贮方法

不同剂型的精液冷冻完成后都需要用适合的方式收纳贮存入液氮罐中保存。为了增加液氮罐的贮存能力，一般都弃用液氮罐标配的提筒。使用最多的就是纱布袋。纱布袋多为各生产单位根据冻精剂型和液氮罐的大小及使用情况进行设计和制作。布袋系上绳子，另一端系上标签，吊于液氮罐外，以备查找取用。

颗粒冻精可先用灭菌小玻璃瓶或无菌塑料瓶分装，每小瓶以 50 粒或 100 粒为宜。瓶外详细标记供精猪的品种、耳号、生产日期、冻精颗粒的数量等信息。再装入系有绳子的纱布袋内，贮存液氮罐中。

随着猪商业化细管冻精的发展，细管冻精的分装装置花样繁多，主要为各种规格的细管分装管，分别可装入 8 支、16 支、25 支及 40 支等数量的 0.5 mL 细管的塑料细管(又称为拇指管、蜂窝管及塑料桶等)，生产者可根据自己的需要选用。细管和细管套上都标记供精猪的品种、耳号、生产日期、冻精颗粒的数量等信息。如果有细管喷码机，把这些信息打印在细管上更好。最后把不同规格的细管套装入适当大小的纱布袋或液氮罐提筒内，贮存于液氮罐中。

液氮罐内的液氮要经常保持在冻精以上的位置，不可使冻精露出液氮表面。取用冻精时，必须在贮存液氮罐颈口操作，动作要快，取完后，及时盖好罐盖，防止温度回升造成对精子的不利影响。

5.5　冷冻精液的解冻

5.5.1　细管猪冷冻精液的解冻

细管冻精通常采用水浴解冻法。但因为细管的生产厂家和容量的不同，至今没有统一的操作规程。大致操作程序如下。

首先准备 40～50 ℃的恒温水浴锅(图 5-14),细管冻精从液氮中取出后,迅速放入恒温水浴锅中并轻缓游动,以保持其管壁受热均衡。经 10～20 s 后即可解冻完毕。拿出细管擦干水,剪去封口端,将精液注入贮备好的稀释液中,平衡 5～10 min,冷冻精液质量检测合格后,待用。

图 5-14　冻精解冻用恒温水浴锅

目前,全国普遍使用水浴解冻法,解冻后的精液品质较高且受胎率高。除此种方法外,也有其他几种方法可供参考。如手搓解冻法——将细管冻精放在两手掌间来回反复搓动升温,以达到解冻目的;自然解冻法——将细管冻精放在室内常温下,让其自然升温,以达到解冻的目的;人体体温解冻法——将细管冻精放在人体贴身衣袋内使其升温,以达到解冻的目的。除了恒温水解冻方法外,其他任何一种解冻方法,它们完成解冻的时间都较长,违反了快速解冻的原则,所以,在生产中不提倡应用,只适用于研究解冻方法的对比试验。

细管冻精解冻后,首先检查细管是否有裂纹和封口是否严的现象,如发现有裂纹者,该支细管冻精应弃之。冻精解冻后,一定要用消毒纱布或卫生纸巾抹干细管外围水分,再用细管剪剪去封口端。解冻后的精液如需异地输精,且间隔时间在 2 h 以上,其解冻后的精液一定要放在保温杯中方能保存运输。

5.5.2　颗粒冻精的解冻

颗粒冻精解冻方法有湿解冻法、半干解冻法和干解冻法,常用湿解冻法。

解冻液为含有 0.1%半胱氨酸和 0.05%肌醇的 BTS 液,解冻温度为 45 ℃。取出 1 粒冻精在空中晃动 3～5 s,然后快速放入含有 0.5 mL 的已充分预热的解冻液的圆底玻璃试管中,在 45 ℃水浴锅内快速摇动试管,待冻精颗粒溶解至 2/3 时迅速将试管离开水浴锅,借助余热使冻精颗粒完全融化。解冻结束后在室温下平衡 5～10 min,开始冷冻精液质量检测。湿解冻还可以选择在 42 ℃下预热精子解冻液。然后取出冻精颗粒迅速放入 15 mL 离心管中,加入预热的解冻液,轻轻混匀。

另外,颗粒冻精还可以使用干解冻的方法,即把冻精颗粒直接投入容器中,在适宜的温度下解冻,然后加入解冻液。半干解冻则是把冻精颗粒放入解冻容器内,再加入解冻液(注意不可加在冻精颗粒上),然后晃动容器直至颗粒冻精完全融化后从水浴锅中取出。

5.6 猪细管冷冻精液的生产技术流程

猪细管冷冻精液的生产技术流程以吉林省农业科学院的流程为例。

5.6.1 精液的采集与质量检测

精液采集使用手握法，佩戴灭菌手套，右手握公猪阴茎模仿母猪对公猪的刺激以诱导射精，左手持覆有精液过滤膜的采精杯收集全部精液。

采集的精液用保温箱装好，于 2 h 之内送到实验室。首先通过嗅觉和视觉检查，选择带腥味、乳白色的精液进行镜检，选择活力在 90%上，密度为 2.0 亿～4.0 亿/mL 的精液进行冻存前处理。

5.6.2 精液稀释及平衡

BTS 稀释液配制：EDTA 1.25 g/L，二水柠檬酸三钠 6 g/L，氯化钾 0.75 g/L，碳酸氢钠 1.25 g/L，葡萄糖 37 g/L，青霉素钠 0.6 g/L，硫酸链霉素 1 g/L。

冷冻基础液Ⅰ配制：葡萄糖 35 g/L，乳糖 25 g/L，青霉素钠 0.6 g/L，硫酸链霉素 1 g/L，吉精 1 号 0.8 g/L，卵黄 200 mL/L。

冷冻基础液Ⅱ配制：在冷冻基础液Ⅰ的基础上加终浓度为 3%的甘油和 0.5%的 OEP。

合格的精液等温等体积加入 BTS 溶液稀释，置于 25 ℃恒温箱 1 h，包装封闭，避免进入杂质，其间不定时混匀精液，然后放入 17 ℃恒温箱平衡 2 h，其间不定时混匀。平衡后的精液在控温离心机中 2 400 r/min(800 g)，17 ℃下离心 10 min，弃去上清液，沉淀中加入提前预冷的冷冻基础液Ⅰ(不含甘油)，重悬后 4 ℃恒温箱中平衡 3 h。随后加入等体积的冷冻基础液Ⅱ(含甘油)，使精子终浓度为 5×10^{8}个/mL，混匀。

5.6.3 细管的灌装

0.5 mL 细管整齐放置在细管架上，使用半自动灌装机灌装于细管中，然后使用超声波封口机进行封口，其间使仪器、细管以及精液一直处于 4 ℃环境下。

5.6.4 熏蒸法冷冻

泡沫箱中倒入 1/3 液氮，把 0.5 mL 细管整齐地放置在细管架上，在液氮面上方 3 cm 处熏蒸，10 min 后放入液氮中。

5.6.5　冷冻精液的收集及存贮

检测冷冻保持效果后，用镊子夹取液氮中的细管放入纱布袋中，在纱布袋连接绳上做好标记，包括品种名称、生产日期、解冻后活力及每袋内的细管支数，以便日后使用。收集过程要确保细管和整个纱布袋浸入液氮面下方。分装好的细管冷冻精液在液氮罐中储存 1 个月后再次检测精液质量。

5.6.6　冷冻精液的解冻

从液氮罐中取出待测样品，50 ℃水浴锅中孵育 16 s（细管离开液氮不能超过 8 s），稀释至 32 ℃预热的专用复苏剂中待检，检测合格后才可以用来人工授精。

思考题

1. 如何挑选生产冷冻精液的种公猪？
2. 离心法对猪冷冻精液质量有什么影响？
3. 平衡时间对猪冷冻精液质量有哪些影响？
4. 介绍一下你所知道的猪冷冻精液产品的包装方式。
5. 简述猪细管型冷冻精液及其优缺点。

第6章 猪冷冻精液品质的影响因素

【本章提要】猪冷冻精液(简称“冻精”)的品质指标主要包括精子运动性能(活力)、顶体完整性和生物安全性等。猪冻精品质受种公猪原精品质、精子耐冻性、冷冻稀释液以及冻精制作过程多个因素影响。

6.1 原精质量影响冻精品质

优质的原精是制作冷冻精液的基本前提,猪精子从精原细胞发育为成熟的精子需要约 50 d,其间不可避免地受到环境、疾病和营养等因素影响,导致原精品质下降。故为获得优质的冻精原材料(原精),不但要做好供精公猪的饲养管理、疫病防控及耐冻个体选择等关键环节,还要注重采精技术和采精节律。

6.1.1 公猪的饲养管理

公猪的管理工作之中要严格制定一套饲喂、运动、清洁、采精和休息等日常管理制度,各项工作都应在大体固定的时间内进行,使公猪形成良好的条件反射。

从规模经济效应和管理角度考虑,一般认为,国内种公猪站内在栏公猪保持 200 头以上较合理,故近几年规模化种公猪站数量增长迅速。种公猪站管理类软件已在一些规模化种公猪站中得到应用,有利于实现精液生产精细化管理,在公猪信息检索、采精计划合理安排及疫苗注射等方面更为方便和高效。

种公猪一次平均射精量约为 250 mL,远高于其他家畜。获得高质量的精液要求种公猪具有旺盛的性欲和健康的体魄,饲料中要确保日粮中蛋白质、矿物质、维生素等各种营养物质的水平。位于冬季较为寒冷地区的种公猪站,种公猪饲料要增加 5%～10%能量。

6.1.2　公猪的疾病防控

除做好种公猪的引种工作外，规模化种公猪站应树立科学的防控疾病理念，通过提高饲养管理水平和免疫接种，增强公猪群体主动和被动免疫，并与预防保健和卫生消毒等工作结合起来。口蹄疫、猪瘟和蓝耳病等疾病主要通过注射疫苗来预防控制。实践证实，部分疫苗注射后会造成种公猪精液品质明显下降，且短时间内难以改善，故在制订公猪群体的免疫计划时要兼顾常温保存精液销售和冻精制作计划，尽量在其生产和销售淡季安排疫苗注射，从而降低免疫给种公猪站造成的经济损失。表 6-1，表 6-2 所列为常用种公猪免疫程序。

表 6-1　常用种公猪免疫程序 1

疫苗	免疫时间
口蹄疫灭活疫苗	每隔 4～6 月
猪瘟弱毒疫苗(皮下或肌内注射 2 头份)	每年的 3 月和 9 月
高致病性猪蓝耳病灭活疫苗	每年的 3 月和 9 月
猪伪狂犬基因缺失弱毒疫苗	每年的 3 月和 9 月

注：1. 种公猪 70 日龄前免疫程序同商品猪；2. 乙型脑炎流行或受威胁地区，每年 3～5 月(蚊虫出现前 1～2 月)，使用乙型脑炎疫苗间隔 1 个月免疫 2 次；3. 猪瘟弱毒疫苗建议使用脾淋疫苗。

表 6-2　常用种公猪免疫程序 2

疫苗	免疫时间
猪瘟、猪丹毒、猪肺疫、猪口蹄疫、猪喘气病、猪传染性胸膜肺炎、猪传染性胃肠炎、轮状病毒、流行性腹泻、猪传染性萎缩性鼻炎疫苗(皮下或肌内注射)	每年春秋两季
乙型脑炎	每年 4—5 月
蓝耳病、细小病毒、伪狂犬等疫苗	种公猪采精或配种前 2～3 个月首免，皮下或肌内注射疫苗每头 2 mL，间隔 20 d 加强免疫 1 次，以后每 6 个月免疫 1 次

6.1.3　公猪的选择要求

种公猪的品种、年龄和健康状况等对原精品质有决定作用。而不同供精公猪提供的精子耐冻能力对冻精品质起决定性作用。在选择制作冻精的供体公猪时，需要充分考虑以下因素。

6.1.3.1　品种

公猪的采精量和原精密度存在较大的品种差异，如杜洛克猪的采精量和精液密度明显高于约克夏和长白猪的，但杜洛克猪的冻精品质略低于约克夏和长白猪的。中国地方猪的采精量和原精密度及冻精品质均低于外来猪种。因此，在制作冻精品质标准时，应考虑供精公猪的品种差异。

6.1.3.2 年龄

供精公猪的使用年限通常为2～3年，应选择12月龄至4岁龄公猪用作供精公猪。

6.1.3.3 健康状况

用于制作冻精的供精公猪应符合本品种特征、体型匀称、健康无缺陷，按计划完成免疫，伪狂犬、猪瘟阴性、蓝耳病等抗体水平保持阴性。

6.1.3.4 耐冻个体

公猪精子的耐冻性存在较大个体差异。同一品种的公猪，精子耐冻性呈正态分布，部分耐冻性较差的公猪能用于生产常温保存精液，但不适合制作冻精。因此，在制作冻精前要对种公猪站原精品质较好的所有公猪进行精子耐冻性筛选（即对其精液进行多次冷冻试验），只有解冻精子活力、顶体完整性和畸形率等指标达到标准的公猪（即精子耐冻性较好的公猪）才能用于冻精生产。具有高育种价值的种公猪和保种价值较高的中国地方品种猪可降低筛选标准。

6.1.4 原精采集

种公猪的采精频率过高或过低都会对精液品质产生不利影响。采精频率应随着公猪月龄的增长而增加，如8～10月龄公猪每周采1次，10～15月龄应该每2周3次，15月龄以上可每周2次，通常每周不超过3次。计划制作冻精时应提前1 d通过公猪站管理系统或公猪饲养管理人员了解公猪健康、最近3次采集精液品质（精子活力、密度、畸形率和细菌数量等）记录，确定用于制作冻精的种公猪。

传统的手握法是目前仍在使用的公猪精液采集方法。该方法有成本低、对设备要求低等优点，但采精员劳动量大、劳动效率较低，且精液与空气充分接触，容易遭受源自环境和公猪体表的污染。目前，在国内社会化公猪站已广泛使用自动（气动按摩）采精设备和半自动（人工按摩）的采精系统。使用此类设备，采精人员可在公猪射精结束后撕去精液收集袋上端部分（即过滤袋），打结扎紧精液收集袋后移至保温装置中，运抵精液处理室。由于避免了精液与空气接触，能大幅度减少精液中细菌数量，对提高猪常温保存精液和冻精的品质均有较大意义。

6.1.5 原精品质检测

公猪原精送抵实验室即进行品质检测。活力和密度要求分别大于80%和1×

10^8个/mL、畸形率低于20%，符合上述要求的精液方可用于制作冻精。同时，原精留样用于细菌培养和检测，细菌菌落数高于1×10^3 CFC/mL，则冻精产品不合格。

6.2 冷冻稀释液的组成影响冻精品质

在整个降温平衡和冷冻-解冻过程中，冷冻稀释液起着重要的作用，其主要功能是为精子的生存和完成其生理功能提供能量、保护精子抵御低温和冷冻损伤、稳定精子环境的pH、渗透压和平衡电解质以及抑制细菌生长等。适宜的冷冻稀释液可以提高冻精质量、冻精的平均受胎率和窝产仔数。

6.2.1 冷冻稀释液的成分和作用

猪的精液冷冻稀释液一般由以下几类物质构成。

6.2.1.1 能量和营养类

稀释液中最常用的能量和营养类成分有葡萄糖、乳糖、果糖和奶类等，高浓度糖类成分也有维持溶液较高渗透压的作用。此外，柠檬酸盐可能通过三羧酸循环为精子提供能量物质。

6.2.1.2 缓冲作用成分

猪精液采集后的pH约为7.4，在降温平衡过程中产生的酸性代谢产物能使精液的pH呈下降趋势，而低pH对精子运动性能有不利影响甚至导致精子死亡。常用的pH缓冲成分有碳酸氢钠、柠檬酸钠等盐类，以及缓冲能力更强的Tris和HEPES。除pH外，精子的生理功能还受溶液渗透压影响。猪精子可耐受的渗透压为240～380 mOsm/kg，适宜的高渗稀释液(420～510 mOsm/kg)对精子保护效果较好。由于溶液的渗透压与其浓度成正比(在温度一定条件下)，渗透压已成为理论上评估稀释液配方效果的一个重要指标。

6.2.1.3 抗“低温打击”成分

鸡蛋卵黄是最早用于精液保存的抗“低温打击”成分，并一直应用至今，其中发挥抗“低温打击”作用的成分可能为低密度脂蛋白(LDL)、磷脂及胆固醇等。卵黄应来源于健康鸡场的新鲜鸡蛋，稀释液中添加量一般为20%～25%，加入后应进行充分搅拌。由于在有氧条件下卵黄中氨基酸经氧化作用后可产生对精子有害的过氧化氢，且保存过程卵黄中细菌也会快速增殖，因此含有卵黄的稀释液在冷藏条件下做短期保存或现配现用。此外，卵黄作为动物源成分广泛用于动物精液冷冻，在当今生物安全问题严峻的形势下，已越来越引起人们的担忧。迄今为止，已有一些非动物源成分的商业化稀释粉问世，表明植物源或化学合成类似磷脂或低密度脂蛋白(LDL)取代鸡蛋卵黄是可行的。

6.2.1.4 冷冻保护剂类

冷冻保护剂主要分渗透性和非渗透性两类。甘油与卵黄一样也是最早用于动物精液冷冻并沿用至今。作为一种渗透性冷冻保护剂,甘油对精子具有一定的毒性作用,但在众多同类保护剂中对猪精子顶体保护效果是最好的。普遍认为,甘油对精子的冷冻保护机理是:溶液中,甘油和水分子发生水合作用大大增加溶液的黏性,通过弱化冷冻降温过程中精子周围水的结晶,达到降低冰晶对精子的物理损伤程度;作为渗透性冷冻保护剂,甘油能穿过细胞膜进入到精子细胞内,从而降低胞内脱水导致的渗透性损伤程度。非渗透性冷冻保护剂主要有二糖(乳糖和海藻糖等)和多糖(红景天多糖和葡聚糖等)、水溶性高分子化合物(聚蔗糖、聚乙烯吡咯烷酮)和白蛋白等。非渗透性冷冻保护剂能溶于水但不能通过精子细胞膜,只能够通过提高精子细胞周围溶液的渗透压,在冷冻降温过程中引起精子细胞脱水而减少胞内冰晶生成,从而减轻胞内冰晶的物理损伤。冷冻保护剂研发方向可能是寻找或合成低毒或无毒的渗透性冷冻保护剂取代甘油,或以渗透性和非渗透性保护剂作为组合,达到保持或提高对精子的冷冻保护作用并降低对精子的毒性作用。

6.2.1.5 抗氧化成分

精子能量代谢产生的活性氧(ROS)会对精子膜造成不可逆性损伤并降低精子的受精能力。精液中抗氧化物质主要在精浆中,而猪精液冷冻前通过离心几乎去掉全部精浆,故猪精子在较长降温平衡过程中添加有效的抗氧化成分非常重要。过去的研究已证实,在冷冻稀释液中添加抗氧化剂类成分可有效地清除ROS,从而提高精子冷冻保护效果。加入冷冻稀释液的抗氧化物质可以分为以下几类:

1. 抗氧化酶类

此类抗氧化酶主要存在于精子和精浆中,组成了精液自有抗氧化系统,如超氧化物歧化酶(SOD)、过氧化氢酶(CAT)、谷胱甘肽过氧化物酶(GSH-Px)和谷胱甘肽还原酶(GR)等,大量研究证实将上述酶类抗氧化成分加至冷冻稀释液中也具有较好的抗氧化效果,尤其有利于维持解冻精子的顶体和细胞膜完整性。

2. 维生素类抗氧化剂

维生素A、维生素C(抗坏血酸)、维生素E等均是常见的天然还原剂。有研究发现,冷冻稀释液中添加维生素C和维生素E,配伍使用能发挥更好的抗氧化活性。此外,维生素E有类似卵黄的防止“冷休克”的功能,这可能是维生素E具有较好的精子冷冻保护效果的一个原因。

3. 植物提取物类抗氧化剂

近十年来,从植物中提取多糖、多酚和酮类物质用作抗氧化剂已是生命科学领域的研究热点。海藻糖、白藜芦醇、红景天多糖、海带多糖等均被证实具有较好的

ROS 清除能力，能明显提高冻精品质。

6.2.1.6 抑菌成分类

除源自公猪生殖道外，在原精液采精、稀释等环节中，一些细菌可能会被带到精液中。而精液和稀释液中均含有丰富的营养物质，在没有抗生素的情况下，细菌数量会以几何级快速增加。为了抑制细菌对冷冻效果的不利影响，通常在稀释液中添加适量的抗生素。2013 年，世界动物卫生组织（OIE）为动物精液保存可使用抗生素种类和添加量制定了相关标准。基于抗生素的耐药性问题，一些新型广谱抗生素（如卡那霉素）开始用来代替传统的青霉素、链霉素等，或通过低浓度结合使用（即“鸡尾酒”法）来降低抗生素耐药性并提高抗菌效果。部分抗菌肽具有较好的抑菌效果，且对精子无毒害作用，不存在耐药性问题，被广泛认为是现有抗生素的可能替代品。然而，自然界中存在的抗菌肽的数量极为庞大，从其中筛选理论上可行的抗菌肽，通过生物合成并进行试验，存在较大难度。

6.2.1.7 其他成分

卵黄与表面活化剂（OEP）的主要成分为十二烷基硫酸钠（SDS），有一定细胞毒性作用，是目前仅用于猪精液冷冻保存的一种重要试剂。低浓度（0.25%～0.50%）的 OEP 能使卵黄功能性成分更好地结合在猪精子膜上，从而提高鸡蛋卵黄的抗“低温打击”能力。猪精浆（也称精清）中含有大量对精子有益成分，如其中的糖类、蛋白质和酶类等能为精子提供能量、抗氧化和缓冲等功能。冷冻稀释液中添加低浓度的精浆（来自精子耐冻性较好公猪的精浆）对冷冻精子具有一定的保护作用。也有将冷冻保存精浆（−20 ℃）分别用作同一头公猪冷冻精液的解冻液。与配制或市售通用型解冻稀释液相比，精浆的制备和冷冻保存对设备要求较高，且使用不够方便。此外，在一些市售稀释粉中也含有一些生物活性因子，但由于涉及商业机密很少有相关文献报道。

6.2.2 冷冻稀释液配制中的注意事项

冷冻稀释液配制过程中的注意事项有以下几类。

（1）配制和分装稀释液的用具必须刷洗干净并严格消毒。

（2）试剂应该选择分析纯或化学纯，根据配方精确称量，配制稀释液用水最好使用 pH 7.0 左右的蒸馏水。

（3）卵黄要取自新鲜鸡蛋，不能混入蛋清或卵黄膜等杂物。

（4）配制好的溶液应检测 pH 和渗透压（如有条件）并调节至配方要求值。配制好的溶液 pH 偏差太大，说明溶液配制极有可能出现了失误，应该重新配制。

（5）预稀释液、基础稀释液和解冻液等溶液配制好后要进行过滤（0.25 μm）或高压灭菌。抗生素、卵黄和酶类等成分，应在溶液消毒冷却后添加，或使用前添加并充分搅拌。

(6)溶液配制好后应该密封、冷藏,在1周内使用。

市售猪冻精稀释粉套装则对操作人员要求相对较低、使用方便,但成本高一些。配制冷冻稀释液时要严格根据说明书提示进行。

6.3 冷冻与解冻程序影响冻精的品质

6.3.1 离心浓缩

猪精液具有体积大、精子密度小的特点,须离心浓缩后冷冻保存。精液离心的关键技术要点是把握离心力和离心时间。若离心力太小,精子沉淀不足,会导致活力较强的精子上浮于精浆中,在弃上清液时,往往先损失精液中的优质精子;若离心力太大,则会造成因部分精子沉淀紧贴离心瓶底而产生不可逆损伤。目前有市售液体试剂(也称"缓冲垫",在离心时加入1~2 mL于离心管底部,可避免精子沉淀黏附在离心管底,减轻离心对精子的损伤程度,并能延长精液的离心时间,也可避免优质精子损失(图6-1)。同理,在离心力确定的前提下,离心时间过长或过短都会出现上述问题。故设定猪精液的离心力和离心时间时应考虑二者间的互作效应,并经过多次试验加以验证后再确定本实验室制作冻精的离心程序。

考虑到猪精子对温度变化的敏感性,故在稀释、离心和精液分装等操作中均对环境温度有较高要求。在离心、去除精浆和第一次稀释时均要求在17 ℃条件下完成。有条件的实验室可设置专门的17 ℃操作间,将以上过程移至17 ℃操作间中完成。否则,必须配备能控温至17 ℃的离心机,且准备预冷至17 ℃的水浴。先将冷冻保护液Ⅰ液预冷至17 ℃,并在精液离心结束、弃掉上清液后置于17 ℃的水浴中完成第一次稀释。

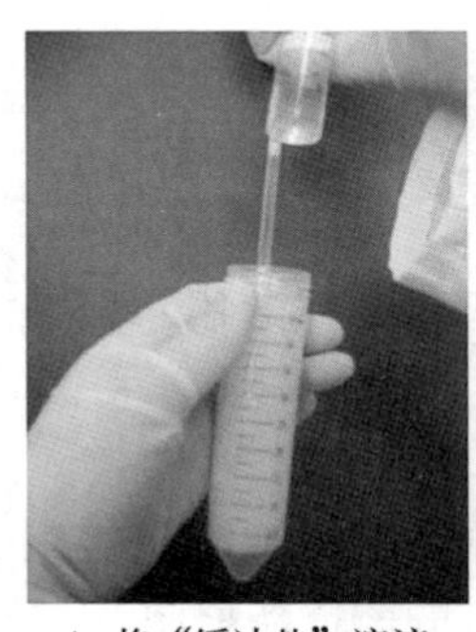
A. 将"缓冲垫"溶液缓慢加至离心管底部

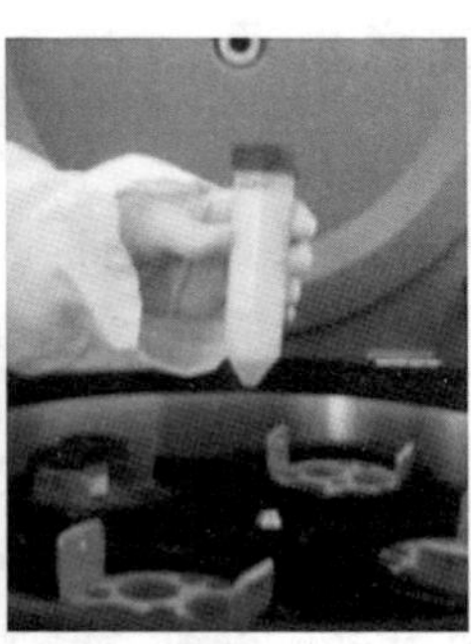
B. 离心

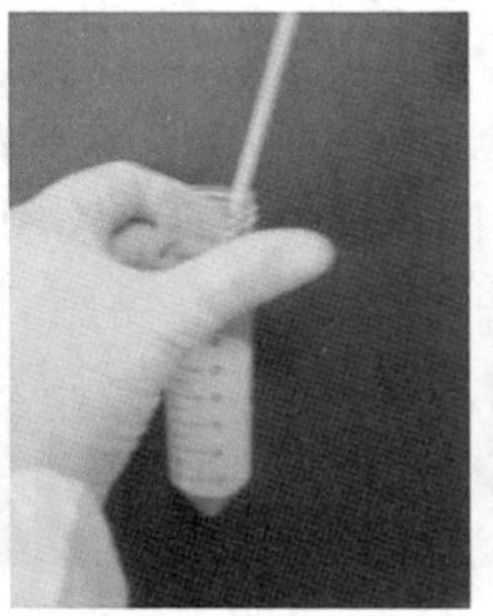
C. 轻轻吸去上清液

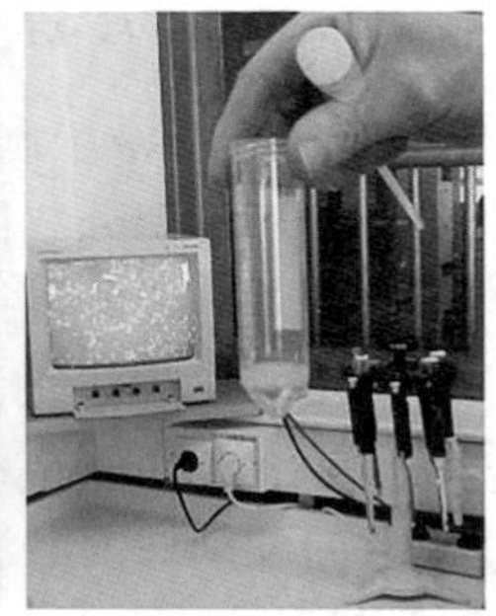
D. 将离心管底部"缓冲垫"溶液轻轻吸去

图6-1 "缓冲垫"辅助精液的离心浓缩

6.3.2 稀释及降温平衡

二维码 6-1 精液离心浓缩

6.3.2.1 精液稀释和降温平衡的作用

冻精制作过程中，猪精液要经历“低温打击”温度区间(0～15 ℃)、冷冻降温至－196 ℃。故猪精液需要通过稀释来加入抗低温打击及冷冻保护等成分，从而降低低温和冷冻对精子造成的损伤。

制作猪冻精一般需要三次稀释，即采集后的预稀释、第一次稀释和第二次稀释。三次稀释能为精子提供维持适宜的精液酸碱度和渗透压环境、增强精子抗低温打击和冷冻损伤的能力，并降低精子的过氧化损伤、抑制精液中细菌的增殖。

6.3.2.2 精液稀释与降温平衡操作要点

由于猪精子对外界温度变化敏感，温度快速下降或上下波动均会对猪精子的存活产生不利影响，故制作猪冻精的过程中须强调等温稀释、缓慢降温等。猪精液的降温平衡分为精液离体温度→室温、室温→17 ℃和 17 ℃→4 ℃ 3 个阶段。

1.“精液离体温度→室温”阶段(预稀释)

猪精液采集完毕即送达实验室，一般将原精液装好后用毛巾简单包裹，放入保温盒或泡沫箱中运输。原精液运达实验室前，先打开实验室空调，温度调至 25 ℃。精液检测合格后可立即进行预稀释，完成预稀释的精液可于室温静置 1 h 左右。

2.“室温→17 ℃”阶段

该阶段降温平衡被认为能增加猪精子的抗“低温打击”能力。目前，最常用的设备为 17 ℃恒温箱，设定温度安全稳定。此阶段平衡结束即对精液进行离心和第一次稀释。17 ℃恒温箱保存是常温精液的标准保存方法，故此阶段所需时间相对灵活。如果原精液送至实验室时间较早，可在此处平衡 2～4 h 后离心，继续后续工作；如果原精液送至实验室时间较晚，可在此处平衡过夜，第二天早上继续后续的冻精制作程序。

3.“17 ℃→4 ℃” 阶段(第一次稀释)

该阶段降温平衡是精子越过“低温打击”温度区(15 ℃)，继续承受降温的关键过程。精子必须在冷冻保护剂的保护下才能保持活性。目前，最常用的猪精液冷冻保护剂是新鲜的鸡卵黄，一般添加量为 20%。将预稀释和预平衡的精液离心，弃上清液后，即添加与精子等温的冷冻保护液Ⅰ液。注意，冷冻保护液Ⅰ液与精子离心后的沉淀的总量不超过冻精终浓度的 50%。

完成第一次稀释的精液，可用多层纱布或棉絮包裹，也可放入装有与稀释精液等温清水的容器中，再将其放入 4 ℃冰箱，平衡 2～4 h，待其缓慢降温至 4 ℃。

二维码 6-2 第一次抗冻稀释

有条件的实验室或冻精公司已用可控制降温速率的降温平衡柜(如北京田园奥瑞生产的“程序控温平衡仪”),将精液瓶/袋移至柜中,使之根据调控程序从精液温度平缓降温至目的温度。“17 ℃→4 ℃”阶段降温平衡结束后即添加冷冻保护液Ⅱ液完成第二次稀释。

4. 第二次稀释

第二次稀释即添加冷冻保护液Ⅱ液。冷冻保护液Ⅱ液是在冷冻保护液Ⅰ液的基础上添加甘油和OEP等冷冻保护成分。

甘油虽然对精子具有良好的抗冻保护作用,但对精子也有一定的毒害作用且毒害的程度随着稀释液温度的增高而加剧。Wilmut 和 Polge(1974)的研究证明,在 35 ℃,甘油能使猪的精子很快停止运动;在 20 ℃,甘油能使精子在几小时内失去受精能力;在 15 ℃,甘油也能使精子活力明显下降。Niwa(1964)等试验证明,在 5 ℃条件下,加入含有 5%甘油的稀释液,猪精液保存 45~76 h 后仍可获得 71%的受胎率。所以,为了减轻甘油对精子的不利影响,先用不含甘油的稀释液做第一次稀释,冷却到 0~5 ℃,再用已经冷却到同等温度的含有甘油的稀释液作第二次稀释。目前常用的甘油添加比例在 3%~6%。

二维码 6-3　第二次抗冻稀释

值得注意的是,冷冻保护液Ⅱ液与精子接触的时间不宜过长,建议添加Ⅱ液后 30 min 内完成细管灌装,45 min 内完成冷冻。

6.3.3　灌装、封口和码架

制作颗粒冻精则没有本步操作。

细管(0.5 mL、1 mL、3 mL 和 5 mL 等规格)分装精液可采用手工抽吸、注入和半/全自动灌装等方法,封口可采用加热的镊子、封口粉和超声波封口等。手工封口可能存在封口不严实或位置不合适等问题,标准化程度相对较低。

添加冷冻稀释液Ⅱ液后,即开始在 4 ℃条件下进行灌装、封口和码架等操作。在操作过程中,程控低温柜(成本高)或改造冰柜(结合控温器,成本较低)可能温度会上升,可采用放置冰块或液氮控制降温,并实时观察程控低温柜(改造冰柜)不同位置温度计及时调节。

6.3.4　冷冻降温环节

6.3.4.1　液氮熏蒸法

在没有程控冷冻仪条件下,颗粒冻精和细管制作方法大同小异,使精液液滴或细管在液氮上方适宜高度、在液氮蒸汽中实现冷冻降温。大多数文献报道,制作冻精颗粒和细管时冷冻面与液氮距离分别为3～5 cm和2～3 cm，但箱体内液氮量不足会造成降温速率缓慢。一般采用熏蒸法制作颗粒冻精或细管，添加液氮量至少为容器体积的1/3，且要有密封性较好的盖子。

二维码6-4　细管打印

二维码6-5　细管灌装

操作关键在于箱内液氮量不能太少，可以用低温温度计监控冷冻架水平的温度（保持在－120～－110 ℃为宜）。冻精细管收集时，操作人员戴手套（乳胶手套和线手套两层）将冻精细管移至提前放入液氮中的布袋或贮精筒中，操作尽可能快速、减少细管在空气中的时间。

6.3.4.2　程控冷冻仪法

1. 冷冻降温的操作因素

目前，程控冷冻仪已广泛用于猪冻精技术研究和标准化生产。从仪器生产商或中外文献中都可以找到较为成熟的降温程序，只要注意把握细节即可，如记录好自增压液氮罐液氮添加量和使用次数，注意观察气压表；将码好细管的料架从4 ℃条件移至程控冷冻仪、从冷冻仪将其移至液氮中，操作要迅速，从而减少在室温中的时间，故程控低温柜（或改造冰柜）与冷冻仪及液氮箱三者位置要合理、相邻，尽量减少冷冻细管在空气中的时间，三者位置或高度等应根据技术人员喜好作调整；考虑到精液灌装、封口和码架的环境温度可能高于4 ℃，料架移至冷冻仪中要继续平衡片刻（即在4 ℃条件保持5 ～10 min），再执行冷冻降温程序；技术人员应该佩戴护目镜、手套、防护围裙和袖套。冷冻降温结束后，依照冷冻料架标记，迅速将冷冻细管分别移至装有液氮的泡沫盒中。启动精子程控冷冻仪加热程序用于去除箱体中的水蒸气及进液氮气体管道中的冰。

2. 冷冻降温程序因素

程控冷冻仪通过运行冷冻降温程序来精准控制液氮蒸汽喷速，从而实现细管精液冷冻降温的最优化，降低冷冻危险温度区间对精子的冷冻损伤程度。程控冷冻仪使冻精规模生产成为现实，并能提高精子冷冻效果。冷冻降温程序因物种不同而异，可从制造商提供资料或查阅文献获得，并从实践中筛选较适宜的使用。

6.3.5　解冻环节

冻精解冻过程要经历“固态-液态”转变，也要遭受类似冷冻损伤和氧化损伤以及甘油的毒性作用。故与稀释液相似，解冻液应是具有适宜的 pH 与渗透压、有抗氧化、营养等特性的溶液。稀释解冻，可提供高密度精子，降低解冻过程中的冷冻损伤和氧化损伤以及甘油毒性，并增加解冻精液体积，达到品质检测或输精要求。

解冻液是决定猪冻精检测品质和使用效果的重要因素，也是猪冻精技术研发的重点内容之一。

6.3.5.1 解冻液的成分和作用

专用的冻精解冻液的成分和功能均与常温保存和冷冻稀释液（不含有卵黄和甘油等）类似，甚至直接将这些稀释液作为解冻液。所以解冻液的研发思路大多是在常规稀释液基础上添加一些保护成分。目前文献公开或市售解冻液有 BTS、Glucose-EDTA、DPBS-BSA 和北京田园奥瑞稀释液套装等。有研究认为，解冻液中的葡萄糖和胆固醇分别能为解冻精子提供能量，提高精子质膜完整性，利于精子保持较好的运动性能和受精能力。一些研究也证实，在解冻液中添加一定比例精浆，能提高冻精人工输精受胎率和产仔数，但由于生物安全性而存在争议。

6.3.5.2 猪颗粒冻精的解冻

颗粒冻精的解冻器皿应选用导热性能好的材料制作，器皿壁宜薄不宜过厚，宜高不宜低，容量以冻精量的 30～50 倍为宜，铝制解冻装置透热性能好，温度的升降迅速，在高温解冻时，效果比玻璃管好。而且颗粒在一定数量内，解冻的活力不受解冻颗数的影响，一次性多颗解冻可以提高效率。

6.3.5.3 猪细管冻精的解冻

细管冻精解冻温度主要有 37 ℃、50 ℃和 60 ℃等，时间随着温度增高而缩短。注意要点有：操作人员要用校正过的温度计精确、实时检测水浴锅的温度；将冻精细管从液氮中夹取迅速投入解冻水浴锅，观察棉芯端是否进水后用纸巾擦除细管表面水珠，将解冻精液与适量预热的解冻液（26～37 ℃）混合并混匀，用于人工输精解冻液温度通常设置为 26 ℃，精子运动性能检测则在 37 ℃水浴 15～20 min 后进行。

二维码 6-6　冻精解冻

6.4 其他影响冻精品质的因素

6.4.1 冻精制作地与公猪站距离

猪精液长距离运输难免会对其品质产生一些不利影响。这意味着将冻精生产平台设在公猪站内，通过获得更好的原精液，从而生产出高品质冻精。冻精生产者进入公猪站需要严格的检测和消毒，使冻精产品生物安全性得到一定的保障。

与公猪站距离较远的冻精制作点，要注意加强与公猪站的沟通，落实采集精液的等温稀释、恒温保存运输等细节的规范操作，并提高冻精制作人员的生物安全意识，采取相应的防护措施。

6.4.2 季节影响冻精品质

公猪原精品质受季节影响较大，故季节是影响猪冻精品质的重要间接因素之一。尤其在南方炎热地区，夏季的高温很容易引发猪的热应激反应，且猪精子生成过程对高温的耐受性较差，造成公猪精液在夏季的品质显著低于其他季节，甚至会引发母猪夏季不孕症。数据显示，在炎热地区的夏季，公猪精液的体积、精子运动性能、质膜完整性和顶体完整性等指标均远低于其他季节。故炎热地区的夏季一般不进行猪冻精的生产。而一些公猪站通常在夏季采用降温水帘、冰块和空调等方法降低高温对公猪的影响程度，原精品质较好也可以进行冻精生产。

6.4.3 猪冻精的保存和运输环节

6.4.3.1 液氮罐质量的影响

液氮罐是保存冻精的容器，对冻精的保存效果起着至关重要的作用。液氮罐外壁隔热效果好则液氮消耗小。装满液氮的液氮罐外壁温度较低、结霜甚至轻微的结冰，表明其隔热效果差，会加速导致液氮损耗，可能间接影响罐内贮存冻精品质。液氮损耗较快的液氮罐要及时更新。

在生产实践中，有的利用多层塑料袋封住液氮罐口，垫高液氮罐，不与地面直接接触，或使用液氮罐保护套等措施减少液氮的损耗。液氮罐需要定期清洁，在清洁前要将储存物移到别的液氮罐中，排尽液氮后待罐内温度上升到 0 ℃以上，用中性去垢剂清洁，温水冲洗，倒放自然干燥。确定液氮罐内没有水分方可添加液氮。

6.4.3.2 冻精细管的收贮

冻精细管收贮须在液氮面以下操作。有的直接将冻精细管装到小布袋中，但冻精细管在液氮里容易受外力作用发生机械性破损，也不好计数。通常将检验合格的冷冻细管采用手工或半自动仪器装入贮精管(细管棉塞端应朝里)(图 6-2)，再将装有冷冻精液细管的贮精管移至灭菌纱布袋(1 头公猪的冷冻细管需要 1～2 个棉布袋)(图 6-3)，将同一天制作的冻精纱布袋封口绳分别拉紧并理顺，用另外一根棉绳扎在一起后浸入液氮中，棉绳上端贴好标签拴到液氮罐提手处(图 6-4)。采用“贮精管-纱布袋-细绳”法的缺点是不同纱布袋的系绳容易缠到一起不好取出。条件较好的单位也可采购存贮量大的液氮罐(气相罐)，其口径较大，可直接放入大体积的提筒或提篮，将装满冷冻细管的贮精管收集至大号贮精筒，移至敞口液氮罐中的提筒或提篮中存放(图 6-5)。冻精细管由一个容器转移至另一容器时尽量减少在空气中滞留时间(不超过 3 s)。

图 6-2 贮精管

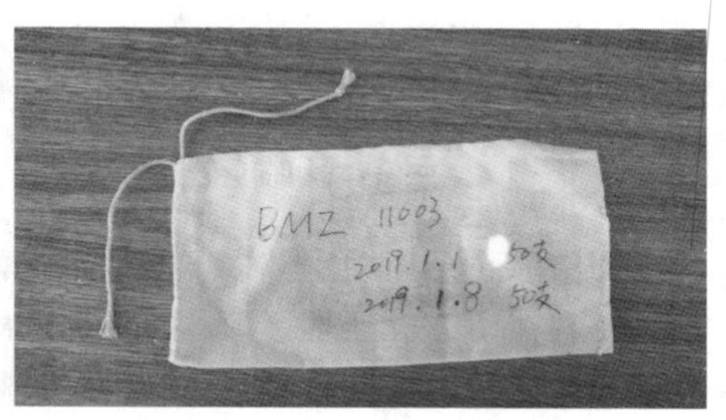

图 6-3 带有系绳的纱布袋

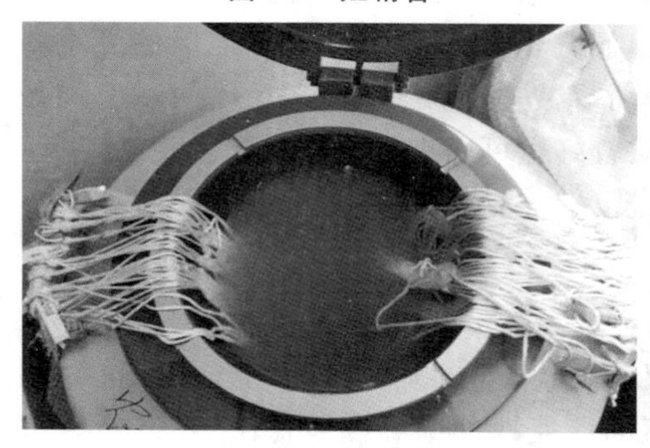

图 6-4 “贮精管-纱布袋-细绳”法

图 6-5 “贮精管-贮精筒-提筒”法

6.4.3.3 储存液氮罐的日常维护

储存液氮罐的日常维护是衔接冻精生产和销售的重要环节。储存液氮罐宜放在阴凉、干燥处,避免阳光照射。储存液氮罐要指定专人定期查看(1 周要对液氮罐进行 2 次检查)液氮量并及时补充,做好记录。也可采用称重或智能监测系统等方法,有效地提高液氮罐的安全性、可靠性。要求冻精棉布袋或提筒在液氮面下至少 10 cm。

二维码 6-7 冻精收贮

液氮罐外明显位置标记“向上”“小心轻放”等储运图示标志;搬运、装车应注意罐体防护,不得倾斜、横倒、碰撞和强烈震动,确保冷冻精液始终浸泡在液氮中。运输过程中液氮罐要固定好,避免碰撞或剧烈震动。

6.4.4 设备的维护

与牛、羊等家畜相比,尽管通过离心手段大大缩小了精液体积,但一般装管前每头份猪精液仍可达几十毫升,甚至 100 mL 以上。以 0.5 mL 细管为例,多头份精液的灌装、封口和标记等采用人工操作劳动量极大,且不符合标准化生产要求。

故加强相关设备定期保养、保持其正常运行对稳定冻精品质和规模化生产非常重要。如进行精液灌装、封口操作时，要注意仪器声音是否异常，打印机墨水余量是否充足(实验室要有备货以便及时添加)；低温操作柜在使用结束后，可以在其中放置电风扇，减少灌装、封口和打印仪器内外水蒸气，最后将小型移动式紫外灯置于低温操作柜内定时消毒。冷冻仪在冷冻降温程序结束后，要及时开启加热程序来减少其冷冻箱体内水分。此外，尤其在南方炎热地区，当冷冻仪与液氮罐之间连接管断开后，一些昆虫类(如蟑螂)可能会通过连接管的开口端进入到程控冷冻仪中，甚至能到达液氮喷嘴部位，可能会降低液氮喷速或引起堵塞。故当冷冻仪与液氮罐之间连接管断开后，应对连接管的开口端做密封处理。

6.4.5　技术人员因素

在影响冻精品质的众多因素中，制作人员是冻精制作的较重要影响因素之一，几乎能影响到冻精制作的所有环节。首先，要求技术人员有“干一行、爱一行、专一行”的工作态度和敬业精神，尤其要有忍耐寂寞的能力，才能在较封闭的种公猪站内保持不急不燥的工作态度。其次，冻精制作过程中，溶液配制、稀释和降温平衡等操作均需要规范的操作技能和严谨态度。故要加强技术人员培训，树立生物安全意识和认真的工作态度，善于学习，能从工作中发现并解决问题。再次，冻精整个制作流程至少需要 2～3 人默契配合，出现问题需要团队成员能各抒己见，形成解决方案并执行。这就要求团队负责人能通过团队共同的、切实可行的愿景、制定完善的规章制度及营造相互信任的组织氛围等手段来建立一个高效、团结的团队。

思考题

1. 影响冻精品质的公猪个体因素有哪些？
2. 降温平衡过程中，在没添加卵黄成分前为什么猪精液不能降到 15 ℃以下？
3. 冷冻稀释液中添加卵黄和甘油的作用是什么？
4. 为什么猪精液的降温平衡比其他家畜要求高？
5. 为什么 0.5 mL 细管成为当今猪冻精商业化生产的主流剂型？
6. 稀释液主要成分有哪些？分别起什么作用？

第7章 猪冷冻精液输精技术

【本章提要】随着猪精液冷冻保存技术的提高和冻精的商业化发展，冻精的输配已成为猪冻精应用中必不可少的技术环节。与常温精液相比，冻精存在输精前活力低、精子膜或顶体等细胞器不同程度受损等问题，因而不能简单地将常温精液的常规人工授精技术应用于冻精的输配。本章主要针对猪冻精配种中可能遇到的问题或需要用到的技术来展开，以期为猪的冻精配种工作起到一定的借鉴和指导作用。

7.1 冷冻精液的适宜输精时机

适宜的输精时间对冷冻精液的使用效果至关重要，因此在冷冻精液的实际应用中一定要重视对母猪输精时机的把握。

7.1.1 自然发情条件下的输精时间

后备母猪达到初配年龄并经过 3～4 次发情后即可开始查情期配种工作。经产母猪断奶后在上下午各进行 1 次公猪查情。在母猪出现静立反射后 8～12 h 进行第 1 次输精，之后再间隔 8～12 h 进行第 2 次和第 3 次输精。

7.1.2 青年母猪同期发情与定时输精

后备青年母猪性成熟后开始公猪诱情，在经过 3～4 次发情并达到初配年龄后即可开始发情同期化处理。在连续饲喂 15～18 d 烯丙孕素（20 mg/d）后注射 1 000 IU 孕马血清促性腺激素（PMSG），80 h 后注射 100 mg 促性腺激素释放激素（GnRH）。以注射促性腺激素释放激素（GnRH）的时间节点为准，24 h 和 40 h 后分别输精 1 次。

7.1.3 经产母猪的定时输精时间

经产母猪在断奶后 24 h 左右注射 1 000 IU PMSG，80 h 后注射 100 mg GnRH。以 GnRH 的时间节点为准，24 h 和 40 h 后分别输精 1 次。

7.1.4 母猪卵泡发育和排卵状态的实时监测

使用 7.5 MHz 多角度扫描超声对发情母猪的卵巢状态进行探查，以实时监测母猪卵泡发育和排卵状态，掌握最佳输配时间。

母猪两个卵巢的位置各不相同。一般以膀胱的位置作为参考，卵巢通常出现在膀胱的附近或侧面。

探查到卵巢位置后可通过图像观察卵巢上卵泡或黄体的结构，如排卵前卵泡(preovulatory follicles 卵泡腔直径 2～4 mm，图 7-1A，)、出血囊(CH，corpora hemorrhagica)或黄体(CL，corpus luteum，图 7-1B)。排卵前卵泡边界较薄，内部为液体，有时因滤泡相互压迫而出现轮廓不规则。因为卵泡中的液体为低回声结构，在 B 超成像中为黑色球形结构(图 7-1C)，在处于发情期的母猪中比较容易判断。而出血囊和黄体呈圆形且质地均匀(图 7-1D)，是卵巢间质高回声结构，单独判断起来相对困难。但黄体往往与数量较多的小卵泡同时出现，结合小卵泡的图像变换探查角度，也能够快速地判断。

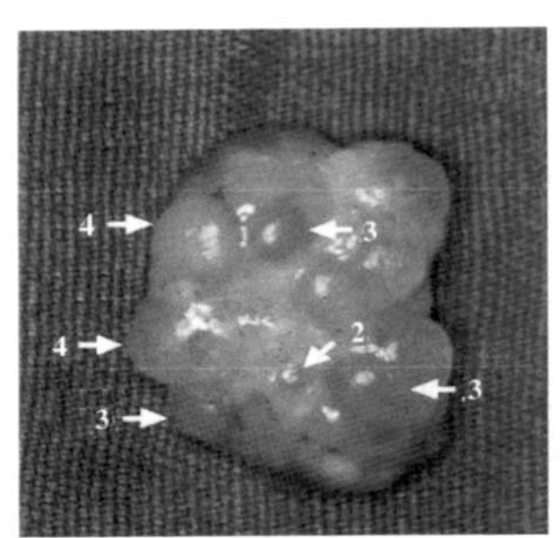

A. 发情期母猪卵泡

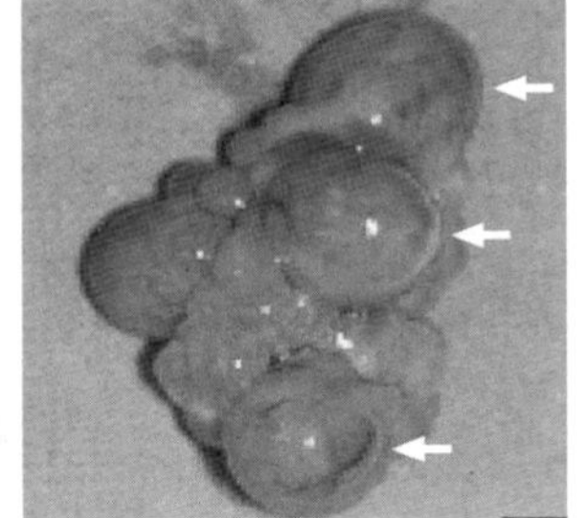
B. 黄体期母猪卵巢

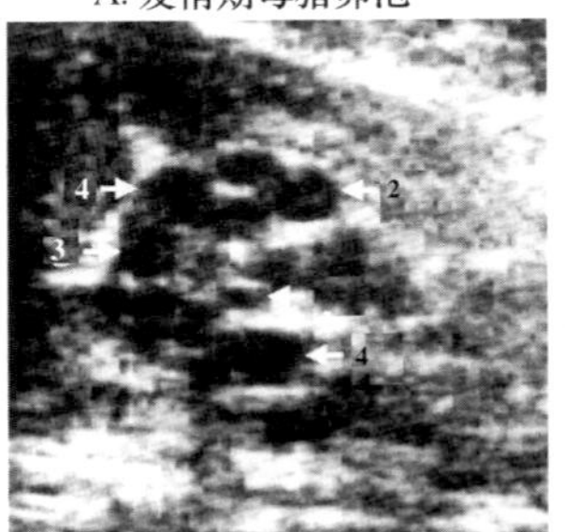

C. 发情期母猪卵巢B超图

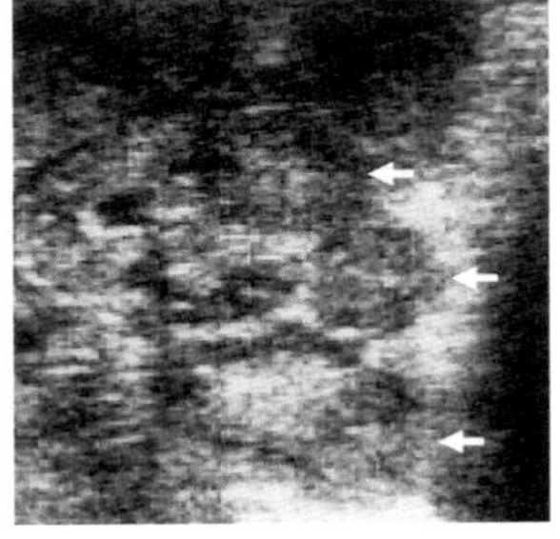
D. 黄体期母猪卵巢B超图

图 7-1 B 超检测母猪卵泡和黄体发育(Kauffold J，2004)

(注：带数字的箭头表示卵泡的位置，且数字表示卵泡大小，单位为 mm；无数字的箭头表示黄体的位置)

卵巢检查 3 次:发情后 12 h、第一次输精前和第二次输精后 12 h。首次超声检查(发情后 12 h)作为对照,以检查经直肠检查的可行性和评估卵巢健康状况。根据后两次的超声检查结果,将母猪分为 3 组:第一次输精前仍有排卵前卵泡,第二次输精后 12 h 排卵前卵泡数量急剧下降,并且出现出血囊和黄体输精后排卵母猪,定义为输精后排卵母猪;第一次输精前和第二次输精后 12 h 未出现排卵的母猪定义为输精后未排卵母猪,需马上进行第三次输精;第一次输精前即出现排卵的母猪,定义为输精前排卵母猪,便于在后期统计配种结果时分析原因。

7.2 猪冷冻精液输精方法

7.2.1 母猪子宫颈输精

母猪子宫颈输精(cervical artificial insemination,CAI)是模拟公猪与母猪自然交配,将输精管插入母猪子宫颈外口,将精液输入子宫颈内(图 7-2)。

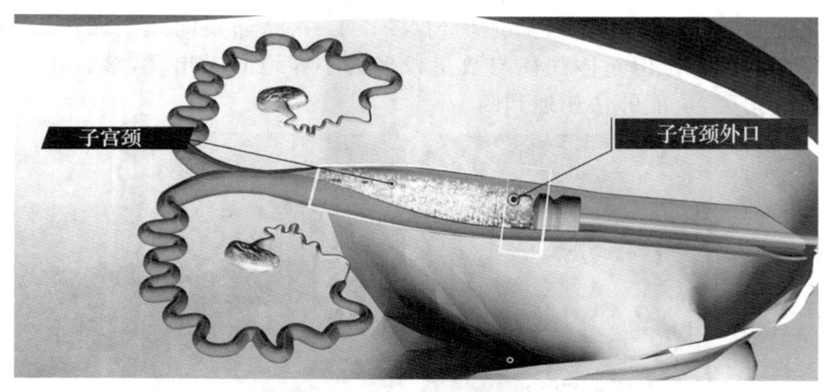

图 7-2 母猪子宫颈输精示意图

7.2.1.1 输精前准备

清洁母猪外阴、尾根及臀部周围后,用 0.1%高锰酸钾溶液清洗消毒,再用温水冲洗并擦干。输精人员清洁、消毒双手,戴乳胶手套。

7.2.1.2 母猪子宫颈输精操作程序

(1)取出输精管,撕开密封袋,露出输精管海绵头部,在海绵头前端涂抹润滑剂(如输精管已经用润滑液处理,可省略此步)。用手轻轻分开外阴,将输精管沿 45°角斜向上插入母猪生殖道内,越过尿道口后再水平插入,感觉有阻力时,缓慢逆时针旋转,并前后移动,当感觉输精管被子宫颈锁定时,即可准备输精。

(2)从精液贮存箱中取出备好的精液瓶,确认公猪品种、耳号等信息后,缓慢颠倒混匀精液，掰开瓶嘴与输精管相连，确保精液能够流入输精管。

(3)通过调节输精瓶的高低和对母猪的刺激强度控制输精速度，一般于3～10 min完成输精。每次输精应保证50亿以上冷冻精子数，输精量60～80 mL。

(4)当输精管内的精液全部进入母猪子宫体内后，取下输精瓶用堵头堵住后管口，观察精液是否回流，若有倒流，再提起输精管，直至全部精液彻底进入母猪子宫体内。

(5)输精过程中可使用输精背夹，固定精液瓶，提高输精效率。为防止空气进入母猪生殖道，输精管应在生殖道内滞留5 min以上，让其自行脱落。

(6)登记母猪输精记录表。

7.2.1.3 注意事项

(1)输精过程中刺激母猪生殖道收缩，有助于精液的吸收。

(2)输精完成后应密切注意精液倒流现象，若倒流较多，应重新输精。

7.2.2 母猪子宫体深部输精

7.2.2.1 母猪子宫体深部输精原理

母猪子宫体深部输精(post-cervical artificial insemination，PCAI)是使用特制的输精导管，先将输精管的海绵头插入母猪子宫颈外口并固定，再将内导管向前伸，穿过子宫颈到达子宫颈内口，然后直接将精液输入子宫体内(图7-3)。在自然交配中子宫颈是精子到达受精部位的第一道屏障，能够阻止大部分畸形或运动能力差的精子到达受精部位。常规的子宫颈输精的剂量为80 mL，包含20亿～30亿有效精子，通过子宫颈后大约还剩1 000万的精子能够进入子宫体。使用子宫体深部输精方法则直接越过子宫颈将精子输送至子宫体，可极大地减少精子在此运动过程中的损耗，因此使用较少数量的精子也能得到较好的受精效果。

母猪子宫体深部输精原理见二维码7-1。

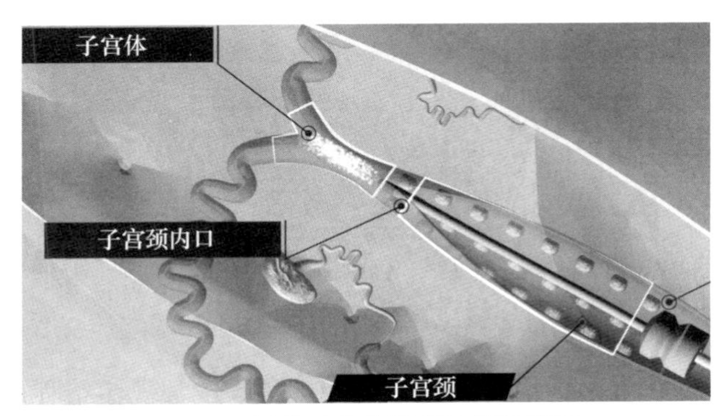

图7-3 母猪子宫体深部输精示意图

二维码7-1 母猪子宫体深部输精原理

7.2.2.2 深部输精管的选择

1. 常规深部输精管

深部输精管是在原有子宫颈输精管基础上增加一根内导管，它可以延伸至母猪子宫体进行授精操作，可减少精液损耗和提高母猪受孕机会。目前，多选用软头带刻度锁扣的深部输精管进行子宫体深部输精，这样可根据不同母猪的子宫颈和子宫体长度，通过调整卡扣位置来控制内导管的插入深度。应注意的是，尽管该输精管的前段为软胶头，但仍有因操作不慎破损母猪子宫内膜的风险。常规输精管头见图 7-4，输精管卡扣见图 7-5。

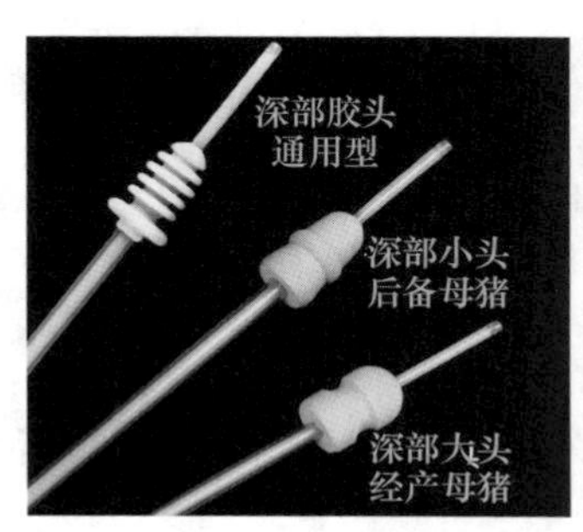

图 7-4 常规输精管头

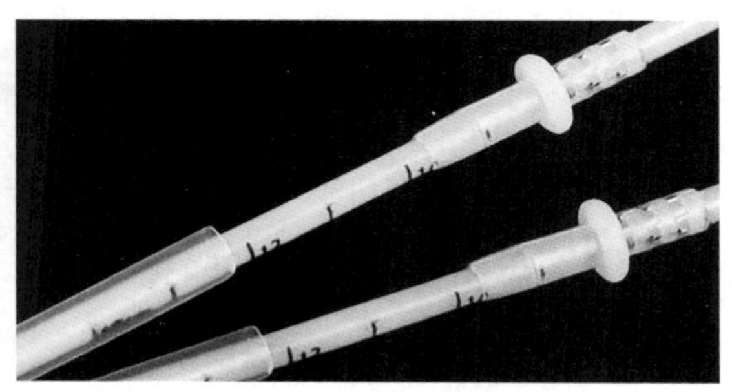

图 7-5 输精管卡扣

2. AMG 输精管

AMG 输精管分为红色经产母猪输精管和紫色初产母猪输精管（图 7-6），可以通过胶套的长度和海绵头直径的大小辨别类型。AMG 的授精瓶与输精管的孔径比常规深部输精管稍大，可使精液不受限制在输精管里流动。内置 10～15 cm 特制胶套，输精时挤压授精瓶可使胶套在子宫内伸展开来，将精液运输至母猪子宫体。该胶套为软管（图 7-7），故输精过程没有损伤子宫内膜的风险。

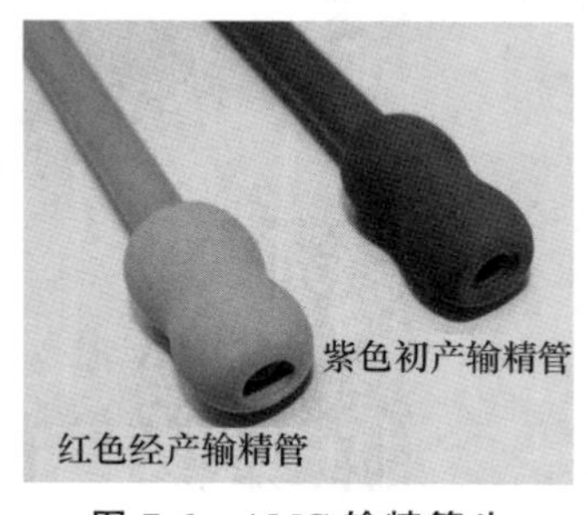

图 7-6 AMG 输精管头

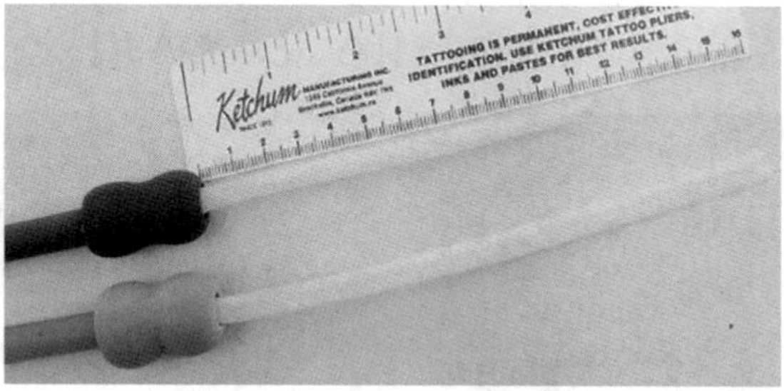

图 7-7 AMG 输精管软管

7.2.2.3 输精前准备

子宫体深部输精时间最好是在母猪查情后 1～2 h 之内进行，按常规输精程序清洗母猪外阴，做好准备。

7.2.2.4　母猪子宫体深部输精操作程序(以常规深部输精管为例)

(1)取出常规深部输精管,按常规输精操作将输精管外套管插入生殖道,并保证内导管头部位于外套管内。当感觉海绵头被子宫颈锁定时,暂停操作 2～3 min,使母猪子宫颈充分放松。为尽量避免输精管被环境污染,只剪开内导管头部,在输精管慢慢插入的过程中逐渐除去输精管外包装袋。

(2)分次轻轻向前推动内导管,每次推入长度不宜超过 2 cm,前行如遇阻力,可轻微外拉或旋转再继续插入。当内导管前插阻力消失时,表明内导管前端已经抵达子宫体,继续向前轻轻插入,再次感觉到阻力时,证明内导管前端已抵达子宫壁,应停止插入,回撤 2 cm 左右,用锁扣固定内导管,准备输精。

(3)按常规输精操作,将精液瓶嘴(或袋口)连接至内导管末端输精口,确保精液能够进入输精管。

(4)挤压输精瓶(或袋)使精液输入子宫体,一般可在 30 s 内完成输精;如遇挤压困难,应略微外拉内导管或使母猪放松 1～2 min,再次挤压输精瓶(或袋),以完成输精。

(5)当精液瓶(或袋)中精液排空后,先将内导管缓慢撤入外套管内并用卡扣锁住,再将输精管轻轻拉出体外。

(6)输精后,应及时记录母猪耳号、胎次、发情期、站立反应和预产期等母猪信息,以及每一次输精的公猪耳号、输精时间、精液倒流以及输精员等信息。

二维码 7-2　子宫体深部输精操作方法

子宫体深部输精操作方法见二维码 7-2。

7.2.2.5　注意事项

子宫体深部输精的主要难点在于内导管的插入,这与母猪姿态、子宫状态有密切关系。一次尝试不成功可以跳过该母猪,进行下一头操作。做完后面几头后再返回,这样成功概率较大。

子宫体深部输精部位正确,不会出现精液倒流。如果输精过程中出现精液倒流,应调整输精管位置,重新输精。如果输精后出现精液倒流,也应立即重新输精。

子宫体深部输精完成后,轻轻取出内导管时,应仔细观察内导管是否有血液或脓液,可以对子宫内基本情况做出判断。

二维码 7-3　子宫体深部输精操作注意事项

子宫体深部输精操作注意事项见二维码 7-3。

7.2.3 母猪子宫内深部输精

7.2.3.1 母猪子宫内深部输精原理

母猪子宫内深部输精(deep intrauterine insemination,DII)是配种人员将常规子宫颈输精管固定在子宫颈后,借助柔性纤维电子内窥镜的指引将精液输入到子宫角前中部。该方法输精部位更靠近受精部位,可进一步减少精液使用量。为保证受精成功率,需对母猪两侧子宫角均进行输精操作。母猪子宫内深部输精示意图见图 7-8 所示。

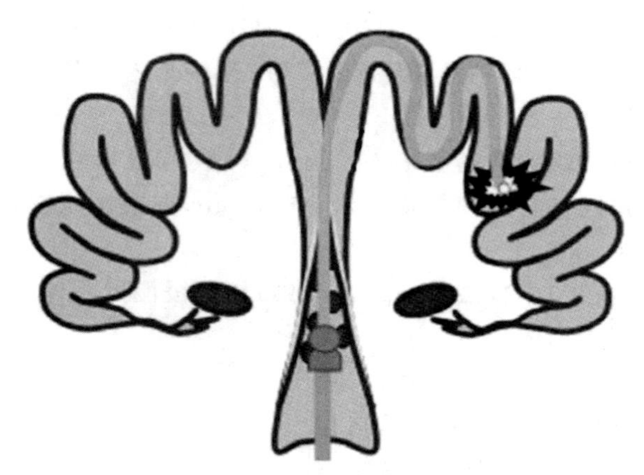

图 7-8 母猪子宫内深部输精示意图

(Mozo-Martín R,2012)

7.2.3.2 准备工作

1. 母猪的准备

母猪在断奶后 24 h 注射 1 000 IU 孕马血清促性腺激素(PMSG)诱发发情,80 h 后注射 100 mg 促性腺激素释放激素(GnRH)。每天 2 次(07:00 和 17:00)进行发情检测,从注射 PMSG 后第 2 天开始,与成熟公猪进行鼻对鼻接触,并施加背压。注射 PMSG 后 24 h 内表现出静立反射的母猪方可进行输精操作。

2. 器械的准备

(1)将洁净干燥后的柔性纤维电子内窥镜和输精管(长度 1.35 m,外径 3.3 mm,单内仪器通道)置于 2%戊二醛消毒液中浸泡 20 min 以上。

(2)在进行插入之前,用无菌生理盐水在 35 ℃下对柔性纤维电子内窥镜进行内外清洁,并将其与手持显示器及操作杆连接。

7.2.3.3 母猪子宫深部输精导管的插入方法

母猪在接受促性腺激素释放激素(GnRH)注射后 30~40 h,在限位栏中进行子宫深部导管插入术的操作。

按照前面母猪子宫颈输精的操作方法将普通螺旋体输精管锁定在子宫颈外口,将柔性纤维电子内窥镜沿输精管插入子宫外口,通过手持显示器观察生殖道内组织结构,确认是否到达子宫颈外口。若未到达该部位,则应反复调整输精管,将其重新锁定。

将柔性纤维电子内窥镜通过螺旋孔插入,穿过子宫颈,向前推进至子宫体末端子宫角前端。此过程可用操作杆驱动内窥镜上下左右运动,并用生理盐水反复冲洗柔性光纤内窥镜及仪器通道,观察生殖道的不同部分组织结构是否发生异常。

在操作杆的驱动下缓慢推进柔性纤维电子内窥镜向子宫角前端推进,到达第3个皱褶后,输入提前准备好的精液即可。在插入过程中可对内窥镜观察到的图像进行实时记录,方便术者在术后进行总结和研究。

7.2.3.4 注意事项

该输精方法对输精人员有较高的要求,不仅需要熟练掌握电子内窥镜的操控,并且要对母猪生殖道的生理结构十分熟悉。

电子内窥镜探查子宫时,可用公猪气味剂等保证母猪站立。如果母猪卧倒或其他姿势,子宫的位置将会出现变化,应及时收回电子内窥镜。

7.2.4 母猪腹腔镜手术——输卵管/子宫输卵管结合部输精

7.2.4.1 母猪腹腔镜手术——输卵管/子宫输卵管结合部(UTJ,utero-tubal junction)输精原理

该方法是对母猪实施麻醉后,在腹腔镜的引导下将精液直接输送至输卵管或子宫输卵管结合部。本方法是目前所有输精方式中最靠近受精部位的方法,精液使用量也最小。与传统的剖腹手术输精的方法相比,腹腔镜输精手术创伤小,没有并发症或感染风险,母猪麻醉解除后几小时内即可恢复行走。

7.2.4.2 母猪的准备

1.母猪的激素处理

母猪在断奶后24 h注射1 000 IU孕马血清促性腺激素(PMSG)诱发发情,80 h后注射100 mg促性腺激素释放激素(GnRH)。从注射PMSG后第2天开始,与成熟公猪进行鼻对鼻接触。每天2次(07:00和17:00)进行发情鉴定,并施加背压。注射PMSG后24 h内表现出静立反射的母猪方可进行输精操作。

2.母猪的麻醉

母猪在接受促性腺激素释放激素(GnRH)注射后30～40 h进行输卵管输精术。术前母猪应禁食12 h以上。分别按照0.02 mg/kg、0.2 mg/kg体重的剂量肌

内注射阿托品和乙酰丙嗪镇静，待其出现浑身无力瘫软症状后，即可通过耳静脉注射或肌内注射陆眠新Ⅱ(0.1mL/kg 体重)实施诱导麻醉，用针刺其皮肤无反应后可将其移入手术台，在呼吸麻醉机中使用 3.5%～5%异氟烷进行麻醉维持。

7.2.4.3 腹腔镜手术常用设备

1.气腹形成系统

建立气腹既有利于观察，又可使腹腔内器官可以活动。气腹好坏是进行腹腔镜手术的关键，由气腹机、CO_2钢瓶、气体输出连接管道组成。

(1)气体：目前的气腹机一般采用 CO_2 气体。CO_2 在血液和组织中的溶解度是 O_2 的 10 倍，在腹膜的扩张时没有形成气栓的危险，并且 CO_2 是正常新陈代谢的产物，很容易经肺泡排出，价格又便宜，这些特点使它成为几乎无危险的气体。

(2)气腹机：气腹机是将 CO_2 注入腹腔的仪器。内窥镜手术需要有恒定的气腹条件才能顺利进行，全电脑控制的 CO_2 气腹机对镜下手术时气腹的产生和维持具有保障作用。在气腹机控制板面上有 4 种参数的显示，即静止的腹腔内压力、实际的注气压力、每分钟气体流量、CO_2 总消耗量。通过这些参数可以准确地监测腹腔内压力，保证气压的稳定。要证实气体确实是充入腹腔内，并控制气体注入的速度，使腹腔内压力维持在需要的、安全的范围内。一般将腹腔内压力维持稳定在 1.6～1.8 kPa 为宜。随着手术时间的延长，部分气体会被吸收掉或者由器械的装配处、腹壁的切口处泄漏，因此需要有高流量的气体马上补充进去。充气速度太慢，腹内压力降低，肠管遮盖术野，充气太快，腹内压力太高，会造成动物生命危险。所以 CO_2 入气量的调节和控制，是手术成败及动物安全的保证。

腹腔镜手术时所用气腹机每分钟最大充气量应该能够在 1～15 L 范围内自动调节，当腹内压力达到或超过预先设计的压力时，安全警报装置会报警并自动减压。进入腹腔前气体需要通过过滤装置进行过滤。新型气腹机还可对 CO_2 气体进行加温，并设有自动排烟和保持术野清晰功能，提高了手术的安全性。

2.摄影成像系统

1980 年，美国 Nezhat 医生开始使用电视腹腔镜进行手术，摄影成像系统开始成为外科医生的眼睛。摄像机和光源的选择以及电视观察系统决定着手术期间的观察质量和手术质量。

整个摄像系统包括五个部分：腹腔镜、冷光源、摄像机、监视器和光缆。

(1)腹腔镜：应用于腹腔镜手术的内窥镜要产生明亮清晰而又不失真的图像。妇科腹腔镜使用的是硬管型内窥镜，为柱状成像系统，其视角宽阔，图像明亮清晰，分辨率高，图像质量明显优于凹凸透镜。

用于诊断和手术的腹腔镜有各种不同的尺寸和广角镜头。镜体长度 30 cm 左右，直径 1～12 mm 不等，镜面视角(内镜轴方向与视野角中分线所成角度)为 0°～

90°，一般有0°、30°、45°、70°。临床上最常用直径10 mm，视角0°或30°的腹腔镜。选择视角很重要，一般认为0°镜最合适妇科手术。角度小的腹腔镜便于手术操作，30°镜或角度更大的镜可以提供在特殊角度下的手术视野，如进行腹腔镜下淋巴结摘除术，观察髂总血管分叉时，30°或50°角镜更有效。

由于技术的不断改进，微型化腹腔镜已经问世。直径小的腹腔镜对患者损伤也小，但手术视野小，手术有时不方便。现已有直径仅2 mm的腹腔镜，可以通过脐与耻骨联合中间的气腹针插入，并且影像光度也非常好，此外，还可配备直径2 mm的抓钳、剪刀等微型器械，进行多种妇科腹腔镜手术。但现广泛应用于妇科腹腔镜手术的仍是直径10 mm的腹腔镜。

(2)冷光源：可为腹腔镜手术视野提供照明。纤维光束技术的出现促进了内窥镜技术的发展，借助于氙光源或卤素光源可以提供100～300 W的高强度光源，来自这些灯泡的热量通过红外线光谱的滤过作用而大大减小，光所产生的热量在光导纤维传送过程中大部分被消耗掉，故称为“冷光源”。常用冷光源有卤素灯、金属卤素灯及氙灯。其中氙灯因其色温接近自然光，灯泡的寿命长，更适用于内镜照明。常用的300 W氙灯备有手动及自动调光方式，保持最佳照明；同时为提高手术的安全性，手术所用光源系统必须配备备用灯泡，以便主灯熄灭时，自动转换到备用灯泡处，完成必要操作，防止手术意外发生。目前，大多数的摄像机利用自动白平衡(2 100～10 000 K)来分析和补充冷光源的不同色温，使不同的光源可以得到相同的影像效果。

(3)摄像机：摄像机是外科医生的眼睛，因此通常配置最好的摄像设备。

CCD(电荷耦合器)芯片的发明，解决了摄像机微型化问题，将摄像机接口连接到腹腔镜目镜端，并和监视器相连后，可以将腹腔内的图像清晰地呈现在屏幕上，这对于腹腔镜手术尤为重要，同时可以将手术过程记录下来，供以后复习研修。

常用的视频系统包括光学转换器、CCD摄像机、彩色监视器以及图像记录系统。早期内窥镜摄像机由单极或三极电视显像管组成，单极管摄像机传送到彩色监视器上的图像彩色清晰度不理想，三极管摄像机是经棱镜再由三个不同的电子管处理后将图像颜色分为三种主要颜色，即红、黄、蓝三原色。这种摄像机的彩色清晰度很好，但装备体积大。在20世纪80年代后，内窥镜摄像技术发展很快，目前的摄像机体积小、重量轻，且分辨率高，色彩逼真，而数字化摄像机的图像清晰度又有了很大的提高。

目前市场供应的主要有单晶片CCD、三晶片CCD摄像系统。单晶片CCD由38 000～410 000个光敏元件组成，能达到300～450线(摄像机的清晰度由显示屏水平线的数量表示)的分辨率，而三晶片CCD可达750线分辨率。故三晶片CCD摄像机图像质量明显优于单晶片摄像机，但三晶片摄像机售价也相对较高。为适应现代外科无菌手术需求，摄像头可高温高压灭菌，更可扩展为电子腹腔镜及三维立体腹腔镜。

(4)监视器：在观察系统中，监视器是一个重要的组成部分。腹腔镜手术所用监视器宜采用彩色监视器，对图像质量影响很小，能达到450～700线的分辨率。应按摄像系统的分辨率选择监视器，但关键是能够再现所用摄像机的质量，监视器的水平线的数量至少必须与摄像机提供线的数量相等，最好是大于摄像系统的分辨率。监视器的大小一般为14～24 in即可满足手术要求，但也取决于手术者的习惯。一般认为一架44 cm(18 in)对角线的监视器可做高质量手术。选配的监视器通常要有至少两种形式接收输入：即复合的(NTSC)、Y/C和RGB信号，使用RGB和Y/C系统时，监视器上的图像比只用复合信号的监视器所产生的图像要清晰。目前已经问世的图像处理系统，可以处理手术图像，对图像进行采集、编辑、数据管理以及储存等。

(5)光缆：又称为导光束，用于连接腹腔镜和冷光源，一般用光导纤维导光束。每根光导纤维直径10～25 μm，每条光缆含有多达10万根光导纤维。常用光缆光导束直径有1.6 mm、2.5 mm、3.5 mm、4.5 mm等多种规格，选择光缆时应选择光导纤维束的直径略大于腹腔镜镜头。由于光导纤维纤细，使用过程中容易折断，故在使用时避免对折，以免损坏光导纤维，影响光线的输送。

7.2.4.4 腹腔镜手术输精

腹腔镜装置由一个外径为10 mm、视角为90°的刚性腹腔镜、冷光源、视频成像系统和CO_2注入器组成。作为手术器械，一般采用3个套管针进行手术：两个外径为10 mm的套管针用于腹腔镜和非创伤性抓钳，第三个外径为4 mm的套管针用于输精针。授精针(国内可以用医用留置针代替)是专门用一个非常薄的钢材(18 ga，约1.21 mm)来成形的，以避免输精过程中可能对精子产生影响的出血。

母猪头朝下，仰卧在一张30°倾斜的手术台上(trendelemburg体位)，后腿紧紧地绑在手术台上，以便在开始手术后支撑母猪大部分的体重。在脐上区沿腹中线做一个1 cm切口，将气腹针穿过腹壁插入腹膜腔。使用气腹机排出或吸入CO_2，将腹内压力维持在到1.7 kPa左右。插入套管针使腹腔镜通过，套管针的气体连接装置维持压力。待腹内压力稳定后，分别在倒数第二对和第三对乳头的水平线和腹中线的交点位置，放置两个辅助套管针(第一个用于非创伤性抓钳，第二个用于授精针)。这样可以在不改变位置的情况下对两侧子宫角进行操作。

手术时先由一人持腹腔镜和抓钳进行生殖道定位和卵巢诊断，在观察到母猪卵巢上的排卵前卵泡后，用抓钳夹住子宫角，将其提至宫管结合部远端2 cm处腹壁并保持在适当的位置。这时输精人员将腹腔镜交由助手控制，然后手持授精针插入子宫壁(距宫管结合部0.8～1 cm)，动作迅速、精确、可控。将稀释液吸入注射器,用软管连接在授精针头上。缓慢推动注射器,感受是否有阻滞。如果推进不顺利,则应调整授精针的位置或重新插入授精针。待稀释液注入顺利后,将预先解冻的精液吸入注射器,缓慢推入输精针中。最后用额外的 0.5 mL 稀释液冲洗软管和针头上的所有精子。从子宫取出针头时监测出血情况。在另侧子宫重复同样的程序。输精完成后,先取出抓钳和授精针所在的套管针,最后取出腹腔镜和气腹针所在的套管针,最后进行关腹,用连续缝合腹膜,插管过程一般不会切断肌肉,故无须缝合。最后根据皮肤创口大小,进行 1～2 针结节缝合。缝合结束后用碘伏消毒或抗生素覆盖即可。输精人员熟悉操作后,整个腹腔镜手术需要 20～30 min。手术结束后,取下呼吸麻醉面罩,立即给母猪注射陆醒灵,帮助母猪恢复。通常母猪在 2～3 h 内即可复苏,随后观察母猪行动和采食有无异常。

7.2.4.5　注意事项

(1)由于母猪对麻醉有较大的个体差异,手术过程中需要助手密切注意母猪呼吸和心跳等生命体征。如出现意外及时取下麻醉面具,注射陆醒灵。

(2)手术过程中注意无菌操作,术后发现伤口有感染可连续 3 d 抗生素注射治疗。

7.3　猪细管冷冻精液人工输精操作规程

7.3.1　猪冻精配种前的准备

在使用冷冻精液配种前需要先准备以下设备和器材:存放冷冻精液的液氮罐、恒温水浴锅、50 ℃解冻杯、显微镜、全自动精子质量分析系统、解冻稀释液、剪刀、长针、精液瓶、毛巾/纸巾。

7.3.2　猪冻精解冻与稀释

7.3.2.1　高温短时解冻(以百钧达冻精解冻方案为例)

解冻杯中蒸馏水温度调整到 50 ℃,恒温水浴锅设置为 36 ℃。将装有 40 mL 解冻稀释液的精液瓶置入 36 ℃恒温箱,提前预热至设定温度。50 ℃解冻杯和恒温水浴锅中分别放置温度计监测水温,当温度达到设置温度后方能进行解冻操作。

从液氮罐中取出 4 支 (0.5 mL/ 支)冻精细管,迅速投入 50 ℃解冻杯中。用手轻轻搅动细管,保证受热均匀。解冻 16 s 后迅速取出,将管外水分擦拭干净,用剪刀剪去细管 1 端。用长针从冻精管另一端将精液挤入事先预热至 36 ℃的 40 mL 解冻稀释液中。在 36 ℃恒温水浴锅中平衡 3 min,摇匀后取 3～5 μL 精液样品,滴于专用定容玻片进样口处,让其自行流入腔室,在 37 ℃恒温载物台上预热

3～5 min，用相差显微镜观察或精子分析仪检测活力。解冻后杜洛克猪精子活力≥0.6，长白、大白猪精子活力≥0.65的精液方可用于后续的输精配种。

7.3.2.2 低温长时解冻(以加拿大冻精解冻方案为例)

打开加满蒸馏水的36 ℃解冻杯，恒温水浴锅设置为26 ℃。将装有60 mL解冻稀释液的精液瓶置入36 ℃恒温箱，提前预热至设定温度。36 ℃解冻杯和恒温水浴锅中分别放置温度计监测水温，当温度达到设置温度后方能进行解冻操作。

从液氮罐中取出4支(0.5 mL/支)冻精细管，迅速投入36 ℃解冻杯中。用手轻轻搅动细管，保证受热均匀。解冻20 s后迅速取出，将管外水分擦拭干净，用剪刀减去细管一端。用长针从冻精管另一端将精液挤入事先预热至26 ℃的60 mL解冻稀释液中。将解冻好的精液瓶放入36 ℃解冻杯里放置15～30 min。将复苏后的精液摇匀后取3～5 μL精液样品，滴于专用定容玻片进样口处，让其自行流入腔室，在37 ℃恒温载物台上预热3～5 min，用相差显微镜观察或精子分析仪检测活力。解冻后杜洛克猪精子活力≥0.6，长白、大白猪精子活力≥0.65的精液方可用于后续的输精配种。

思考题

1. 自然发情母猪使用冷冻精液输精的时间是怎样的？
2. 后备母猪怎样进行冷冻精液的定时输精？
3. 经产母猪怎样进行冷冻精液的定时输精？
4. 目前母猪的输精方法有哪些？
5. 如何进行母猪子宫颈输精？
6. 什么是母猪子宫体深部输精？
7. 什么是母猪子宫内深部输精？

第8章

猪冷冻精液的实验室质量评价

【本章提要】猪冷冻精液("冻精")质量直接关系到猪人工输精后的受胎率和窝产仔数。传统的猪精液质量检测主要依靠普通光学显微镜,对精子的活力、密度和畸形率等常规指标进行检测(参见本书第4章)。而经过冷冻-解冻过程的精子,其顶体、细胞膜、细胞器等均可能受到不同程度的理化损伤,对其运动性能和生理功能产生不同程度的影响,而现有传统检测方法难以客观、全面地评价猪冻精的质量。本章主要介绍了猪冷冻精子的顶体完整性、质膜完整性、获能情况等质量指标的检测方法,以期为读者开展猪冻精的实验室质量评价提供技术方法。

8.1 精液品质检测新技术

8.1.1 顶体完整性检测

顶体完整是精子具有受精能力的前提条件之一。顶体是覆盖于精子头部细胞核前方、介于核与质膜间的一个囊状细胞器,内含糖蛋白和多种水解酶。生理状态下,获能的精子在输卵管壶腹部(受精部位)与卵子相遇,精子与卵子的接触启动顶体反应(即精子头部的顶体外膜开始内陷,释放出包含多种蛋白水解酶的顶体酶,使卵子外围的放射冠和透明带溶解),精子逐渐被吞进卵细胞内并继续一系列反应,完成受精作用。如果精子的顶体脱落或损伤,导致顶体酶类丢失,则精子无法进入卵子完成受精。在精子的冷冻-解冻过程中精子顶体容易受到损伤,故顶体完整性被认为是评价冻精质量的一项重要检测指标。

检测精子顶体完整性的方法很多,有普通染色法和荧光染色法等。如考马斯亮蓝染色法是一种操作快捷的普通光学显微镜检测方法,染色后即可在光学显微镜下评判。荧光染色法相对复杂，但比普通光学显微镜检测更能准确地反映精子顶体状态，如 FITC-PNA 荧光染色法。

8.1.1.1 考马斯亮蓝染色法

考马斯亮蓝 G250 可与蛋白质结合后呈蓝色，故能使精子头部和尾部着色呈浅蓝色。

操作方法如下：

(1) 取 50 μL 解冻精液加至 1 mL 0.9%生理盐水中，混合均匀后离心(10 000 r/min，15 s)，弃上清液。

(2)加 1 mL 3.7%多聚甲醛/PBS 后，用移液器吹打悬浮，在室温固定 30 min；离心后弃上清液。

(3)用 1 mL PBS 悬浮、离心后弃上清液，加 500 μL 的 PBS 悬浮后涂片、空气干燥。

(4)用 0.22%考马斯亮蓝 G250(溶解在 50%甲醇和 10%冰乙酸的混合液中)染色 5 min。

(5)用去离子水或双蒸水洗去染液后，晾干、树胶封片后，显微镜下观察。

顶体为蓝色且顶体边缘光滑的精子为完整顶体精子。计算顶体完整的精子数占计数总精子数百分率即精子顶体完整率。

考马斯亮蓝染色法见图 8-1。

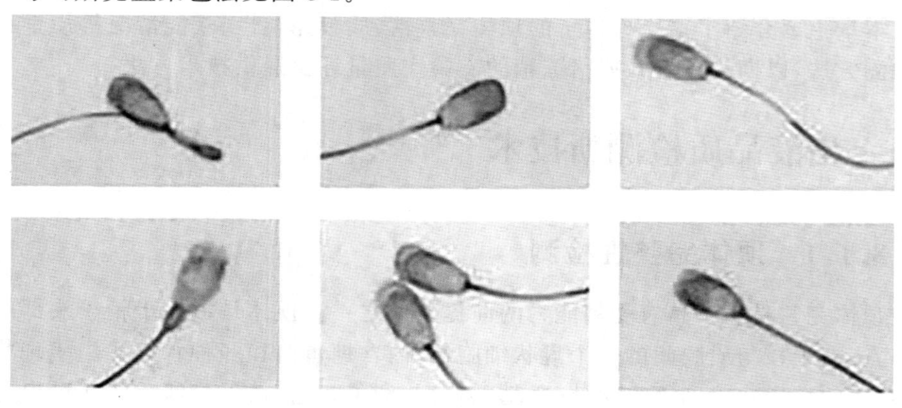

图 8-1 考马斯亮蓝染色法

(杨文祥等，2017)

8.1.1.2 FITC-PNA 荧光染色法

异硫氰酸荧光素(FITC)与免疫结合物联合标记，可以更加准确地评价精子顶体的完整程度。

操作方法如下：

(1)取 500 μL 解冻精液与 PBS 液作 1∶1稀释，混合均匀后离心(10 000 r/min，

15 s,17 ℃),重复 2～3 次。

(2)弃去上清液,加入 1 mL PBS 液吹打悬浮,取 20 μL 悬浮液涂片,风干后用甲醛固定 10 min;取 30 μL FITC-PNA 荧光染液,均匀滴在涂片上,37 ℃避光孵育 30 min。

(3)黑暗条件下在荧光相差显微镜下观察,分别计数视野下绿色荧光精子数和总精子数,每次视野内计数精子不少于 200 个。

精子顶体完整率(%)=绿色荧光精子数/总精子数×100%。

FITC-PNA 荧光染色法测定猪精子顶体完整性见图 8-2。

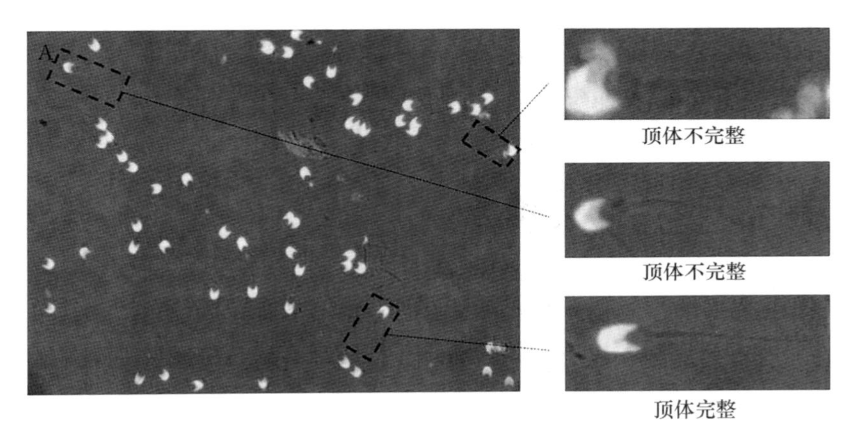

图 8-2 FITC-PNA 荧光染色法测定猪精子顶体完整性

(任尚等,2021)

8.1.2 精子质膜完整性检测

精子质膜在维持精子细胞内环境稳定和自身新陈代谢,以及在精子获能、顶体反应等生理过程中发挥重要作用。冻融过程容易造成精子质膜损伤,可能会引起精子细胞内酶类、ATP 等流失,影响精子的受精能力甚至死亡。目前主要有低渗膨胀检测(hypoosmotic swelling test,HOST)和 SYBR-14/PI 荧光染色法等。

8.1.2.1 HOST 检测

在低渗溶液中,水分子从渗透压低的膜外通过质膜进入精子胞内,待精子胞质内环境和外环境达到平衡,精子尾部的质膜开始向外周膨胀并且尾部质膜内的鞭毛会发生弯曲肿胀。若精子质膜受到损伤或死亡,则低渗液不能进入精子细胞内,不会出现肿胀现象。HOST 方法简单、迅速,对检验精子质膜的完整性非常实用。

操作方法如下:

(1)低渗液制备:0.735 g 二水柠檬酸钠和 1.351 g D-果糖溶于 100 mL 纯水

中，充分搅拌，冷藏备用。

(2)取 100 μL 解冻精液，加入至提前预热的低渗液(1 mL，37 ℃)中，混合均匀、孵育(37 ℃、20～30 min)后检测。

(3)在细胞计数板或精子专用计数板加精液 10 μL，相差显微镜 200 倍视野下，观察 3～5 个视野，分别计数弯尾精子数与总精子数，重复 3 次，精子总数不少于 200 个。

弯尾精子百分率(%)＝弯尾精子数/总精子数×100%。

HOST 法检测精子质膜完整性见图 8-3。

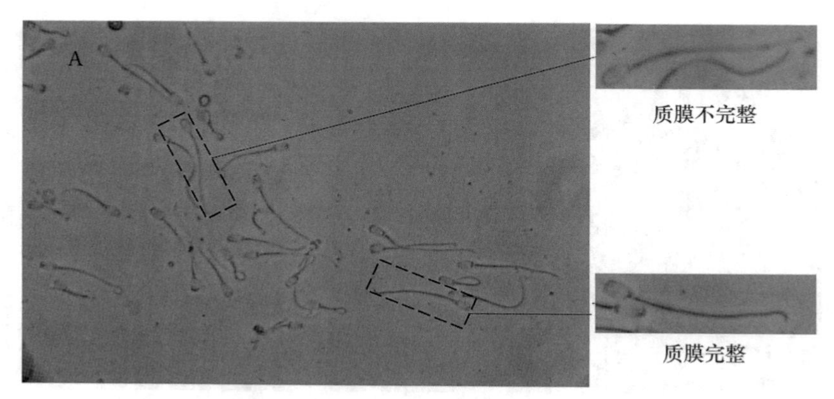

图 8-3　HOST 法检测精子质膜完整性

(任尚等，2021)

8.1.2.2　精子质膜完整性双重荧光(SYBR-14/PI)染色

活精子特异荧光染料 SYBR-14 能进入细胞膜完整的精子，在各种非特异性酯酶的作用下发绿色荧光；碘化丙啶(PI)是膜不透性的 DNA 探针，只能通过有破损的质膜进入精子细胞内与 DNA 结合，发红色荧光。SYBR-14/PI 双重荧光染色法正是将这两种荧光染料结合使用，可同时检测精子质膜通透性和精子活率(活精子百分率)。

操作方法如下：

(1)分别将 SYBR-14 和 PI 溶于 DMSO 和蒸馏水中，摩尔浓度分别为 4 mmol/L 和 1 mmol/L。使用前配制混合染液，SYBR-14 和 PI 浓度分别为 50 mmol/L 和 12 mmol/L。

(2)将混合染液(约 5 μL)加入至 1 mL 精液样品中，黑暗条件下孵育(37 ℃，15 min)，荧光显微镜下快速观察和计数。

也可以购买成套的商品试剂盒，按说明书操作。SYBR-14/PI 荧光染色法见图 8-4。

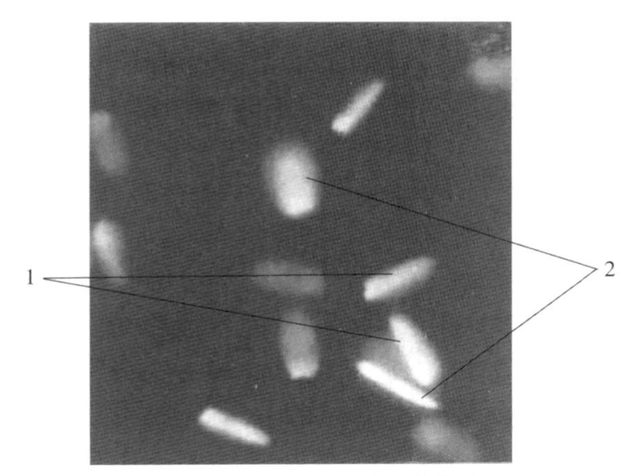

图 8-4　SYBR-14/PI 荧光染色法

(GARNER D L et al., 1995)

注：1. 绿色为膜完整的活精子；2. 红色为死精子。

8.1.3　精子 DNA 完整性检测

精子 DNA 与鱼精蛋白紧密结合，将父本遗传信息准确无误地导入卵母细胞中，继而传给后代。精子的冷冻-解冻过程对精子 DNA 完整性会产生一定程度的损伤，通过削弱精子的生理功能而影响受精卵的分裂以及胚胎的发育。目前常用精子 DNA 碎片化指数(DFI)来衡量精子 DNA 完整性，检测方法主要有精子染色质结构测定(sperm chromatin structure assay，SCSA)、精子染色质扩散实验(sperm chromatin dispersion，SCD)和彗星实验(comet assay，CA)等。

8.1.3.1　精子染色质结构测定(SCSA)法

SCSA 测定法是一种广泛使用、较灵敏的方法，使用吖啶橙(acridine orange，AO)荧光染色法进行 DNA 完整性分析(图 8-5)。DNA 的变性位点具有感光性，经 AO 染色后，在荧光显微镜下，DNA 结构完整的精子发绿色荧光，DNA 断裂的精子发红色荧光。

操作方法如下：

(1)解冻精液加 PBS 液离心洗涤(500×g，10 min)3 次，精液沉淀物用 PBS 液混悬至 20×10^6/mL。

(2)取 10 μL 精液涂片、晾干，用卡诺氏液(甲醇∶乙酸＝3∶1)固定 3 h 后，吖啶橙染液避光染色 5 min，载玻片轻轻冲洗、晾干。

(3)荧光显微镜下观察，分别计数绿色荧光精子数和总精子数，至少计数 200 个。

DFI＝绿色荧光精子数/总精子数×100%。

图 8-5　吖啶橙荧光染色检测精子 DNA 完整性

(CZUBASZEK M et al. ,2019)

a. 精子 DNA 正常;b. 精子 DNA 异常

8.1.3.2　彗星试验

彗星试验(comet assay, CA)是一种测量单细胞 DNA 损害程度的技术，具有敏感性高、简便、成本低等优点，可直接在荧光显微镜下观察单个细胞 DNA 损伤，是检测精子 DNA 损伤程度的有效手段(图 8-6)。

操作方法如下：

(1)解冻精液加 PBS 液离心洗涤(500×g,10 min)3 次,调整密度至 2×10^5/mL,加入 2% β-巯基乙醇在 4 ℃孵育 1 h。

(2)制片。在载玻片上用 0.5 mm 医用胶布围成长约 2 cm 的正方形框。在框内铺上 100 μL 的 0.75%(w/v)正常熔点的琼脂糖,盖上盖玻片使胶定型(即底层胶);室温下静置 5 min 后,加 10 μL 精液样品与 75 μL 0.5%低熔点的琼脂糖,在 37 ℃条件下轻轻吹打混匀后铺在底层凝胶上,盖上盖玻片待胶凝固后取下。

(3)精子裂解。将铺好胶的盖玻片置于裂解液(2.5 mol/L NaCl,100 mmol/L $EDTANa_2$,10 mmol/L 的 Tris,1%十二烷基肌氨酸钠,1% Triton X-100,pH 为 10)中,在 4 ℃条件下裂解 2 h,RNA 酶处理(2.5 mol/L NaCl,5 mmol/L 的 Tris,0.05% 十二烷基肌氨酸钠,pH 为 7.4,用前加 20 μg/cm^3 RNase-A)4 ℃条件下作用 4 h。最后将玻片移至含蛋白酶 K 1g/L 的裂解液中 37 ℃过夜处理。

(4)电泳。玻片在含有 300 mmol/L 醋酸钠、100 mmol/L Tris 的弱碱性电泳液(pH 9.0)中平衡 20 min,在室温条件下电泳 1 h(12 V,100 mA)。电泳时带负电荷 DNA 片段将离开主核向阳极迁移,形成一个像彗星样的托尾,尾的长短与 DNA 损伤的程度有关。

(5)中和。从电泳液中取出凝胶载玻片,小心吸除残留的电泳液,立即用预冷的中和(Tris-HCl,pH 7.5)漂洗 3 次,每次 10 min,4 ℃避光进行。

(6)染色和观察。取出凝胶载玻片,在胶面上滴加 25 mg/L EB 50 μL,盖上盖玻片,4 ℃避光染色 20 min,在荧光显微镜下观察。

(7)精子 DNA 损伤分级。根据彗星尾部的 DNA 含量将 DNA 损伤程度分为 5 级:0 级(G0):<5%,无损伤、精子核完整;1 级(G1):5%～20%,轻度损伤,可见彗尾,精子核基本完整;2 级(G2):20%～40%,中度损伤,可见明显的彗尾,精子核缩小;3 级(G3):40%～95%,重度损伤,彗尾荧光信号强而密,并见明显缩小的精子核;4 级(G4)>95%,完全损伤,仅见荧光强而密的彗星,精子核基本消失。

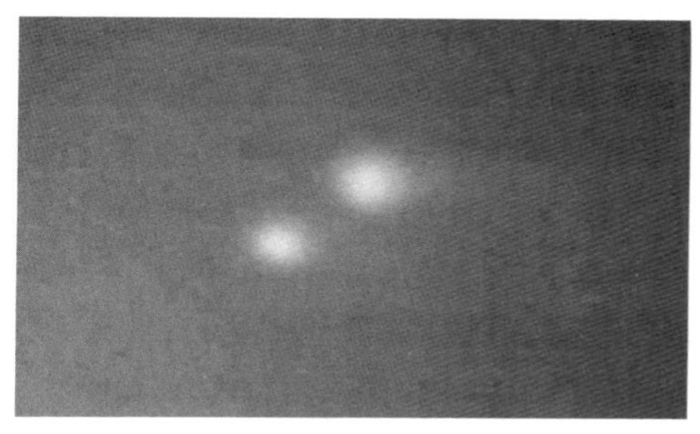

A. 冷冻后 DNA 完整精子

B. 冷冻后 DNA 轻度损伤精子

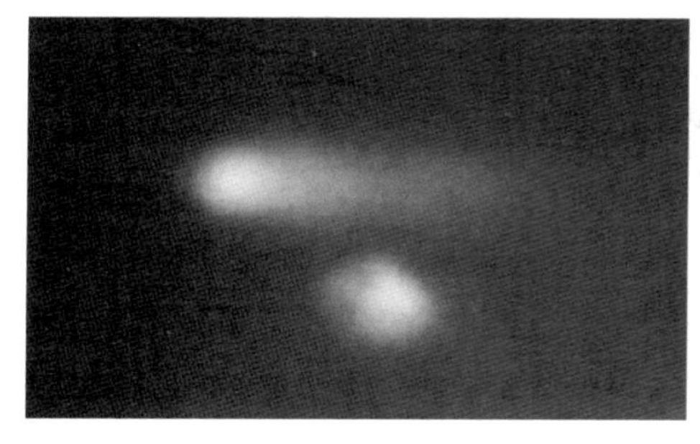

C. 冷冻后 DNA 中度损伤精子

D. 冷冻后 DNA 重度损伤精子

图 8-6　彗星试验检测精子 DNA 完整性

(李文烨,2007)

8.1.4　精子线粒体活性检测

线粒体能够不断提供精子运动必需的 ATP,因此线粒体活性直接决定精子的运动能力。在精子的冷冻-解冻过程中,精子线粒体也不可避免地受到一定程度的损伤,故精子线粒体的功能状态也是精子质量的关键指标之一。

8.1.4.1　R123 染色

检测线粒体活性常用的特异性探针是 R123。R123 是一种阳离子结合染色剂，根据线粒体跨膜电位在精子线粒体部位积累，具有快速（几分钟）、非温度依赖性和固染特点。R123 染色法检测猪精子线粒体活性见图 8-7。

操作方法如下：

（1）解冻精液加 PBS 液离心洗涤（500×g，10 min）3 次、调整密度至 3×10^6～6×10^6 个精子/mL。

（2）先取等温的 100 μL 的 HEPES/BSA 缓冲液置于预温的 1.5 mL 离心管中，然后加入 PI（碘化丙啶）贮存液和 R123 贮存液各 1 μL，再加入约 50 μL 精液，37 ℃、黑暗潮湿环境孵育 30 min。

（3）取 10 μL 精子悬液于载玻片上，加少量增光剂，混匀后盖上盖玻片，荧光显微镜（400×）下观察。

死精子在波长 488 nm 紫外光激发下头部核区发红色荧光。活精子和有活性线粒体的精子头部不发光，而尾巴线粒体部分（中段）有亮绿色荧光。计算活精子和有活性线粒体的精子百分率。

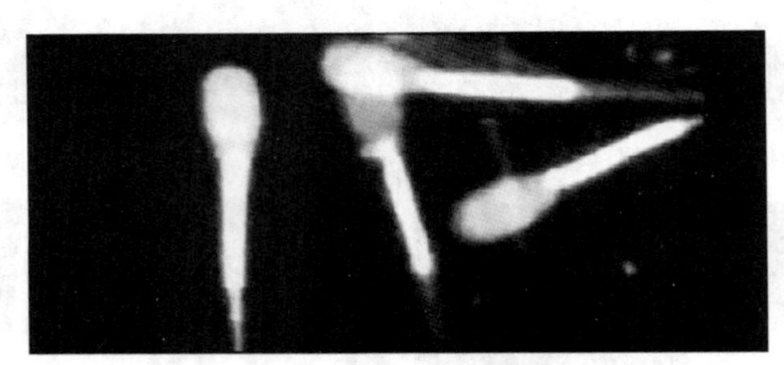

图 8-7　R123 染色法检测猪精子线粒体活性

（FRASER L et al.，2007）

8.1.4.2　JC-1 检测

JC-1 是一种广泛用于检测线粒体膜电△Ψm 位的理想荧光探针。JC-1 染料以电势依赖性的方式积聚在线粒体内，可以通过精子荧光颜色的变化来检测精子细胞的线粒体膜电位状态。线粒体正常的精子，JC-1 进入精子后会聚集在线粒体基质中形成聚合物，聚合物发出强烈的红色荧光（Ex=585 nm，Em=590 nm）；而线粒体受损的精子因膜电位的下降或丧失，JC-1 只能以单体的形式存在于胞浆中，产生绿色荧光（Ex=514 nm，Em=529 nm）。JC-1 不仅可用于定性检测，因颜色的变化可以非常直接地反映出线粒体膜电位的变化；也可以用于定量检测，因线粒体的去极化程度可以通过红/绿荧光强度的比例来衡量。观察时，只需使用常规的观察红色荧光和绿色荧光的设置即可。JC-1 荧光染色见图 8-8。

操作方法如下：

（1）取解冻后的精液 50 μL 用 PBS 稀释（约 1∶4），混匀后离心（800×g，}，重复

2次。

(2)加入0.5 mL的JC-1染色工作液,混匀,37 ℃水浴孵育20 min(避光)。

(3)在孵育期间,蒸馏水稀释JC-1染色缓冲液,配制适量的JC-1染色缓冲液(1×),冰浴放置。

(4)在37 ℃条件下孵育结束后,4 ℃离心(800×g,5 min),沉淀精子细胞。弃上清液,注意尽量不要吸除精子细胞。

(5)用JC-1染色缓冲液洗涤沉淀的精子2次。

(6)适量(100~200 μL)JC-1染色缓冲液重悬后,荧光显微镜下观察。

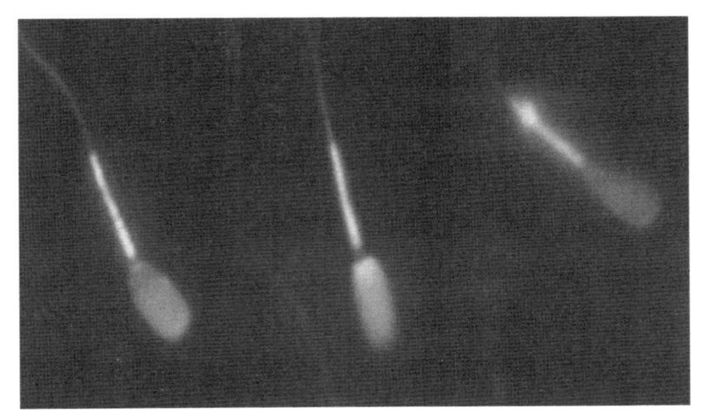

图8-8　JC-1荧光染色

(GUTHRIE H D et al., 2006)

注:从左到右依次分别为:活精子、线粒体活性较好;死精子、线粒体活性较好;活精子、线粒体活性较差。

8.1.5　精子抗氧化性能检测

精子细胞代谢过程中会产生活性氧(reactive oxygen species,ROS)。正常情况下,精子细胞内代谢产生的ROS与抗氧化酶处于一种平衡的状态。冷冻-解冻过程会造成精子膜损伤并降低精子细胞内抗氧化酶类活性,从而打破二者间的平衡。氧化损伤也被认为是造成冻精受精能力下降的一个重要因素。随着生化检测技术飞速发展,目前精子抗氧化性能检测普遍使用各种试剂盒,能快速、准确地获得解冻精子的氧化损伤程度,且成本适宜。

目前常用的国产试剂盒众多,如碧云天的活性氧(ROS)、超氧化物歧化酶(SOD)、丙二醛(MDA)、一氧化氮合成酶(NOS)和一氧化氮(NO)等试剂盒。一般采用2种试剂盒用于冻精抗氧化性能检测。具体操作可参考相关试剂盒说明书。

8.1.6 精液细菌含量检测

细菌含量是影响冻精质量的一个重要指标，随着猪冷冻精液的商品化应用，冻精生产和应用企业对其关注度越来越高，近几年出台的国家和地方冻精制作规范/标准均把细菌含量检测作为一个必检指标。相关内容详见本书第 9 章。

8.1.7 精子穿透仓鼠卵试验

精子穿透仓鼠卵试验（sperm penetration assay，SPA）在 20 世纪 70 年代提出，基于去除透明带的仓鼠卵无种属特性的特点，将获能和发生顶体反应的精子与大量的去透明带仓鼠卵一起孵育，然后在显微镜下观察计数精子穿入仓鼠卵的数量，采用精子穿入仓鼠卵的百分率来评价精子的受精能力。由于此方法技术要求高，投入成本大而限制了其应用。

具体操作如下：

（1）去透明带仓鼠卵的制备。选连续两个以上发情周期正常的仓鼠用于超排处理，发情后期腹腔注射 PMSG，48～56 h 后注射 hCG，16～17 h 后用颈椎脱臼法处死仓鼠，取出卵巢和输卵管。在实体显微镜下刺破输卵管膨大部采集卵细胞团。用 0.1％透明质酸酶溶解颗粒细胞，再用 0.1％胰蛋白酶去除透明带，培养液洗涤、备用。

（2）猪冻精 50 ℃、12 s 解冻至解冻液（稀释比例约 1∶4）。

（3）将解冻精液置 CO_2 培养箱中孵育（上浮法，30～60 min），收集上清液、离心洗涤（1 500 r/min、5 min）重复两次；用 SP-TALP 液重悬、调整精子浓度为 1×10^7 个/mL，置 CO_2 培养箱中获能 2 h 备用。

（4）培养皿内制作 200 μL 受精液滴（改良 Tris 液＋113.1 mmol/L NaCl ＋ KCl 3 mmol/L ＋ $CaCl_2\cdot2H_2O$ 7.5 mmol/L ＋ Tris 20 mmol/L ＋ D-葡萄糖 11 mmol/L ＋ 丙酮酸 5 mmol/L ＋ BSA 1 mg/mL＋ 咖啡因 2 mmol/L），覆盖灭菌液体石蜡并放入 CO_2 培养箱中平衡 1～2 h。每个培养皿中放入 20 枚仓鼠卵，加入 50 μL 经获能处理的精液，精子终浓度为 2×10^6 个/mL，37 ℃、5％CO_2、饱和湿度条件下精卵共同培养。

（5）穿透情况的检查。精卵共同培养 6 h 后检出卵子，用 10％中性福尔马林固定，0.25％间苯二酚兰染色检查卵内精子数、卵内雄原核数。据此计算穿透率、卵内平均精子数、卵内平均原核数及有原核卵百分数。精子 SPA 检测见图 8-9。

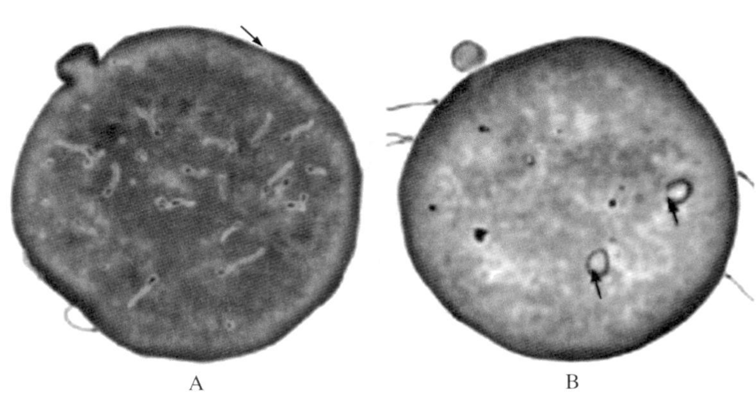

A. 仓鼠卵子细胞质上可以观察到精子　　B. 精子（箭头处）进入卵子细胞质中

图 8-9　精子 SPA 检测

(Kizilay F, et al. ,2017)

8.1.8　体外受精试验

体外受精(in vitro fertilization, IVF)试验,是在体外条件下让解冻精子按适宜比例与卵母细胞共孵育,以第一极体排出率、2-4 细胞发育率、囊胚和扩张囊胚发育率等指标来评估精子的受精能力(图 8-10)。

具体操作如下:

(1)卵母细胞准备。从屠宰场收集的猪卵巢上直径 3 ～6 mm 的卵泡中吸取卵丘-卵母细胞复合体(cumulus oocyte complexes,COCs)(图 8-10A);在体视显微镜下找卵丘包裹完好的 COCs 移至洗涤液中,清洗 2 次后转移到预平衡 4 h 以上的体外成熟液中,置细胞培养箱中,培养 44 h 成熟待用;成熟卵细胞洗涤、移入受精培养皿中,置 5% CO_2、38.5 ℃培养箱中准备受精。

(2)精液准备。猪冻精 50 ℃、12 s 解冻至解冻液(稀释比例约 1:4),利用 Percoll 梯度离心法(300～400×g,9 min)洗涤精液,去上清液。加 1 mL 受精液重悬沉淀颗粒、混匀,调节浓度至 1×10^6 个/mL。

(3)每个含卵细胞的受精液滴中加入精液 2 μL,受精培养皿置 5% CO_2、38.5 ℃ 培养箱孵育 5～16 h 完成受精过程(图 8-10B)。

(4)将受精卵用体外受精液洗涤 3 遍后,移入胚胎培养滴,继续培养 32 h 后观察卵裂,5 d 后观察囊胚率(图 8-10C)。

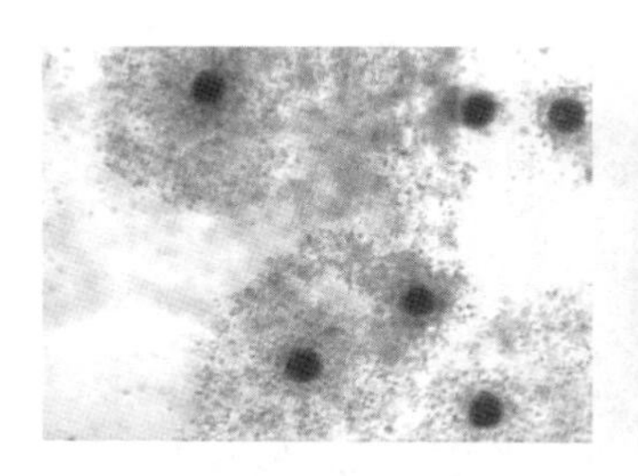

A. 成熟培养 44 h 的猪 COCs
(50×)

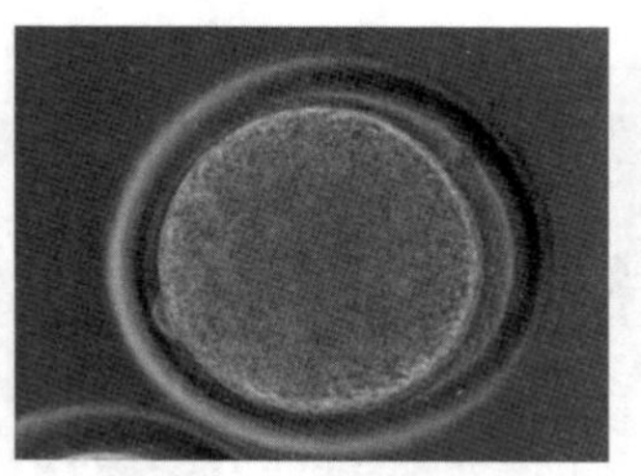

B. 受精后排出第一极体
(200×)

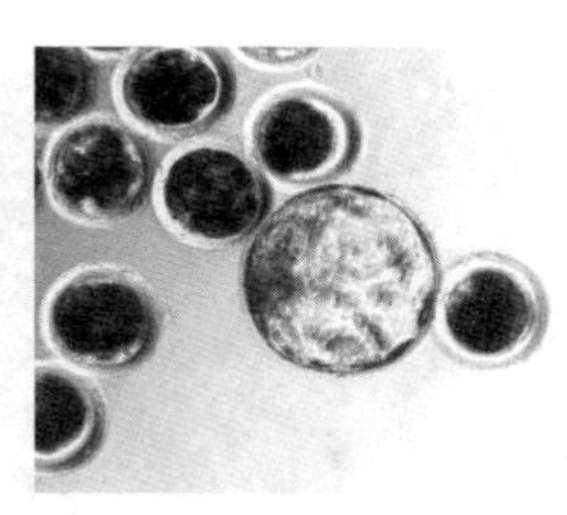

C. IVF 囊胚
(100×)

图 8-10　猪体外受精

(马红,2010)

8.2　流式细胞术在精子质量检测中的应用

8.2.1　流式细胞术的基本概念

流式细胞术(flow cytometry,FCM)是一种定量分析技术,是指利用流式细胞仪检测细胞内特异标记的荧光信号,从而测定细胞的多种生化物质(如膜表面受体、抗原、离子或 DNA/RNA 表达等)特性的方法,同时也是一项可以把具有相同荧光信号特性的某些细胞亚群从多细胞群体中分离和富集出来的细胞分析技术。

该技术的特点是:对处于快速直线流动状态中的细胞或颗粒进行快速的,多参数的定量分析和分选;特异性强,灵敏度高,速度快(最高达上万个细胞/秒),可分析、可分选。流式细胞术要求被测样品为单个细胞或颗粒,且被测样品能与荧光染料或荧光素偶联抗体结合,能在特定条件下激发不同颜色的荧光。

流式细胞仪(flow cytometer)是一种集激光技术、电子物理技术、光电测量技术、电子计算机技术、细胞荧光化学技术及抗体技术为一体的新型高科技仪器。流式细胞仪主要被分为分析型(图 8-11)和分选型(图 8-12)两类,后者在前者的基础上增加了分选功能,可以把特定的细胞从样品中分选出来。在精液中应用最多的是 X 精子和 Y 精子的分选,以实现性控繁殖的目的。

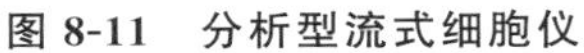
图 8-11　分析型流式细胞仪

图 8-12　分选型流式细胞仪

8.2.2　流式细胞仪的基本结构

流式细胞仪主要由流动室和液流驱动系统、激光源和光学系统、光电管和检测系统、计算机和分析系统 4 部分组成。

1. 流动室和液流驱动系统

流动室是流式细胞仪的核心部件，由样品管、鞘液管和喷嘴等组成。先将经特异荧光染料染色后的悬浮单细胞放入样品管。在气体压力的作用下，样品管中的单细胞形成样品流垂直进入流动室，沿流动室的轴心向下流动。流动室的轴心至外壁的鞘液也向下流动，形成包绕样品流的鞘液流。鞘液流的作用是保证每个细胞通过激光照射区的时间相等，从而得到准确的细胞荧光信息。鞘液和样品流在喷嘴附近组成一个圆柱流束，自喷嘴的圆形孔喷出，与水平方向的激光束垂直相交，相交点称为测量区（图 8-13）。为了保证液流是稳液，一般限制液流速度＜10 m/s。由于鞘液的作用，被检测细胞被限制在液流的轴线上。

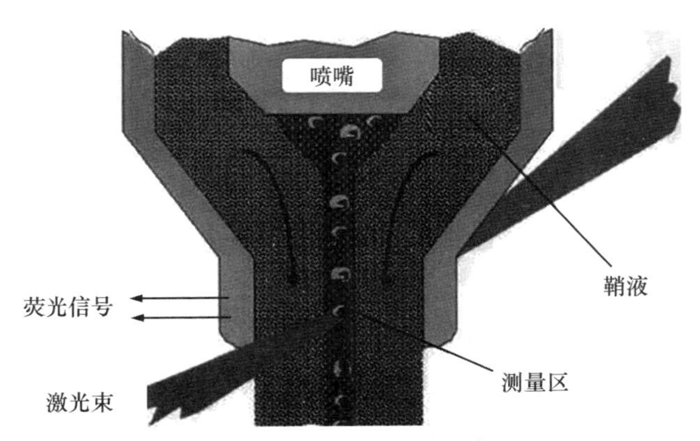

图 8-13　液流驱动系统示意图

2. 激光源和光学系统

激光是一种相干光源，它能提供单波长、高强度及稳定性高的光照。经特异荧光染色的细胞，需要合适的光源照射激发，才能发出荧光供收集检测。激发光源的选择主要根据被激发物质的激发光谱而定。目前流式细胞仪多采用氩离子激光器或氦氖离子激光器（图 8-14），一般选配 2～4 根激光，波长多为 488 nm、633 nm 和 355 nm、407 nm UV 激光，最多可检测 13 个荧光参数。氩离子激光器的发射光谱中，绿光 514 nm 和蓝光 488 nm 的谱线最强，约占总光强的 80%。

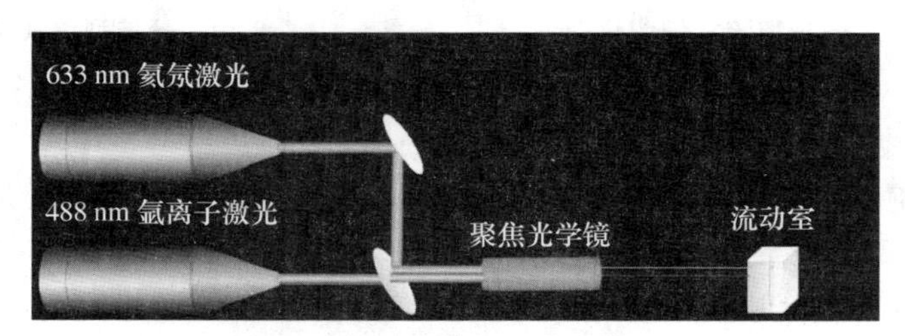

图 8-14　流式细胞仪的激光器

FCM 的光学系统由若干组透镜、滤光片、小孔组成，它们分别将不同波长的荧光信号送入到不同的电子探测器中。滤光片（图 8-15）主要分为长通滤光片（long pass，LP）（图 8-15A）、短通滤光片（short pass，SP）（图 8-15B）和带通滤光片（band pass，BP）（图 8-15C）。长通滤光片可使特定波长以上的光通过；短通滤光片可使特定波长以下的光通过；带通滤光片允许一定波长范围内的光通过。

流式细胞仪的光学系统见图 8-16。

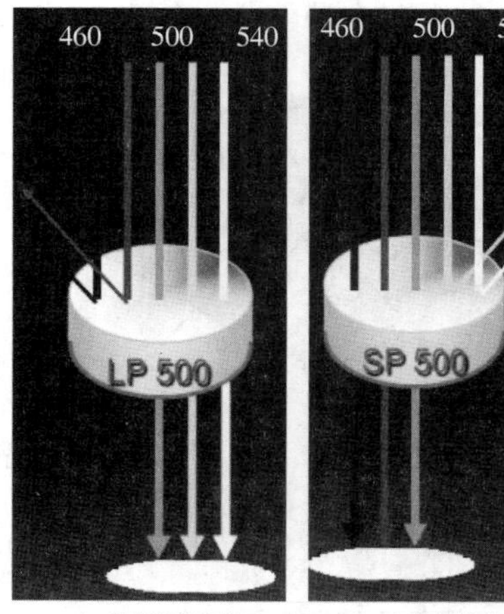

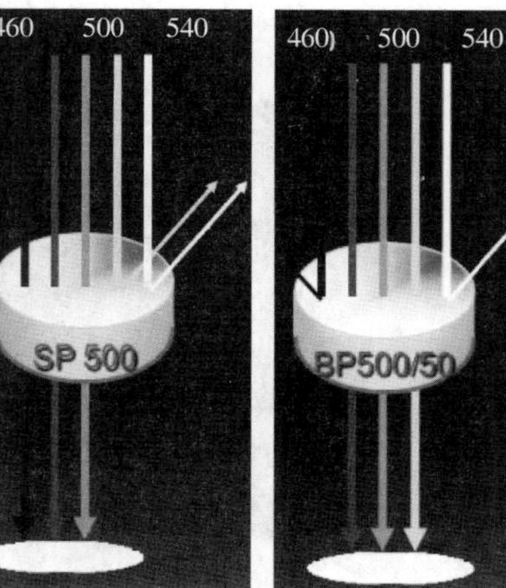

A. 长通滤光片　　B. 短通滤光片　　C. 带通滤光片

图 8-15　滤光片

(band-pass filter, BP)

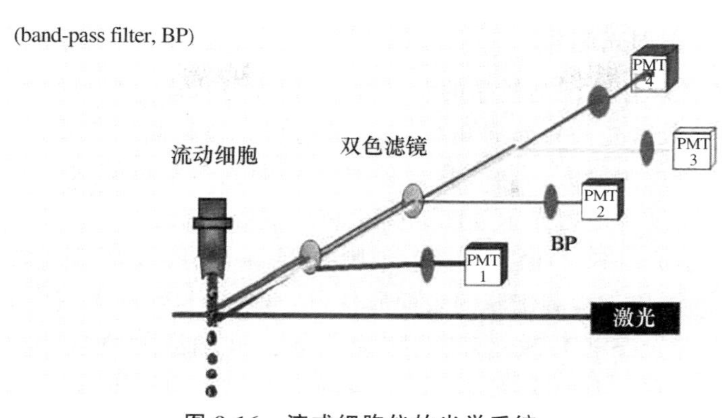

图 8-16 流式细胞仪的光学系统

3. 光电管和检测系统

当细胞携带荧光素标记物通过激光照射区时，细胞内不同物质产生不同波长的荧光信号。这些信号以细胞为中心，向空间 360°立体角发射，产生散射光和荧光信号。

经荧光染色的细胞受合适的光激发后所产生的荧光可由光电倍增管(PMT)检测到。PMT 是一种对紫外光、可见光和近红外光极其敏感的光电转换器，它能使进入的微弱光信号增强至原本的 10^8 倍，使光信号能被测量。经 PMT 转换并输出的电信号仍然较弱，需要经过放大后才能被检测系统识别和分析。流式细胞仪中一般备有线性放大器和对数放大器两类放大器。线性放大器适用于在较小范围内变化的信号以及代表生物学线性过程的信号，例如 DNA 测量等。在免疫学测量中常使用对数放大器。因为免疫分析中经常需要同时显示阴性、阳性和强阳性 3 个亚群，它们的荧光强度相差 1～2 个数量级，且在多色免疫荧光测量中，用对数放大器采集数据易于解释。

4. 计算机和分析系统

经放大后的电信号被送往计算机分析器。分析器出来的信号再经模-数转换器输往微机处理器编成数据文件，或存贮于计算机的硬盘和软盘上，或存于仪器内以备调用。存贮于计算机内的数据可以在实测后脱机重现，进行数据处理和分析，最后给出结果。

8.2.3 流式细胞仪的信号检测与分析

流式细胞仪可同时进行多参数测量，信息主要来自特异性荧光信号及非荧光散射信号。当细胞携带荧光素标记物通过测量区时，细胞内不同物质产生不同波长的荧光信号。这些信号以细胞为中心，产生散射光信号和特异荧光信号。

8.2.3.1 散射光信号

散射光不依赖任何细胞样品的制备技术(如染色),称为细胞的物理参数(或称为固有参数)。散射光分为前向角(即 0°)散射(FSC)和侧向角(90°)散射(SSC)。角度指的是激光束照射方向与收集散射光信号的光电倍增管(PMT)轴向方向之间大致所成的角度。散射光示意图见图 8-17。

前向角散射光(FSC):激光束照射细胞时,光以相对轴较小角度(0.5°~10°)向前方散射的信号,用于检测细胞的表面属性,信号强弱与细胞体积大小成正比。

侧向角散射光(SSC):激光束照射细胞时,光 90°角散射的信号,用于检测细胞内部结构属性。它对细胞膜、细胞质、核膜的折射率更为敏感,也能对细胞质内较大颗粒给出灵敏反映。

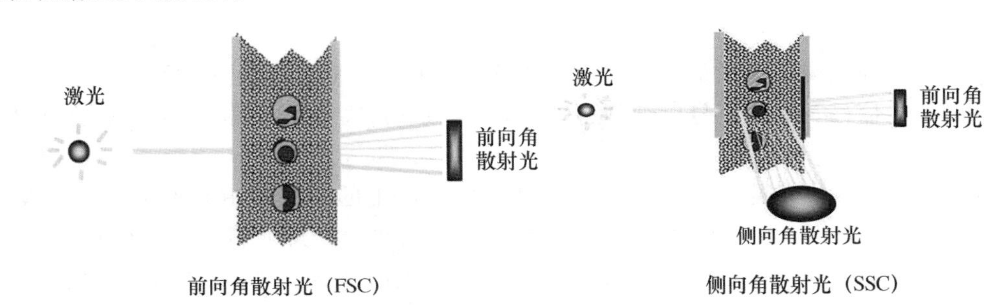

图 8-17 散射光示意图

完好无损的细胞对光线都具有特征性的散射,故利用不同的散射光信号对未染色的活细胞即可进行分析和分选。经过固定和染色处理的细胞由于光学性质发生改变,其散射光信号也会相应改变。测量获得的 FSC 与 SSC 信号通过计算机处理,可得到 FSC-SSC 图(图 8-18),因此,仅用散射光信号即可对未经处理的活细胞进行分析或分选。

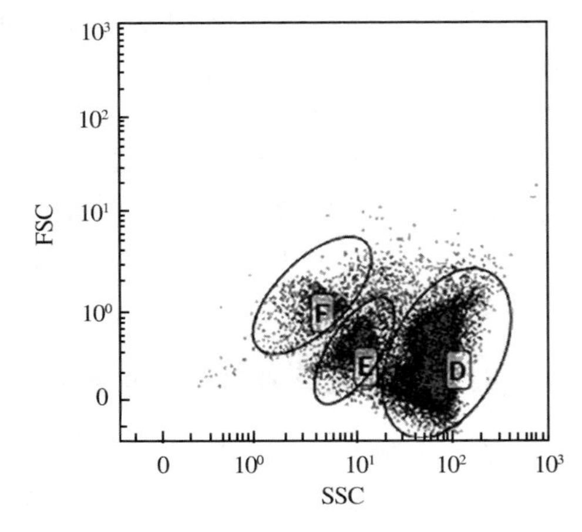

图 8-18 猪精液检测 FSC-SSC 图

(吴梦,2016)

8.2.3.2 荧光信号

荧光信号是由被检细胞上标记的特异性荧光染料受激发后产生的,发射的荧光波长与激发光波长不同。每种荧光染料会产生特定波长的荧光和颜色。根据其波长选择不同的滤片,可将不同的散射光和荧光信号送入不同的 PMT 中。选择不同的单抗及染料就可以同时测定一个细胞上的多个不同特征。

在实际测量中，当激光光束与细胞正交时，一般会产生两种荧光信号：一种是细胞自发荧光，即不经荧光染色，细胞内部的荧光分子经光照射后所发出的荧光；另一种才是经过特异荧光素标记细胞后，受激发光照射得到的荧光信号。通过对特异荧光信号的检测和定量分析能了解所研究细胞的性质和数量。

自发荧光信号为噪声信号，在多数情况下会干扰对特异荧光信号的分辨和测量。在实际检测中须尽量减少自发荧光干扰，提高信噪比。

8.2.4 细胞分选原理

流式细胞仪的分选功能是由细胞分选器来完成的。总的过程是：由喷嘴射出的液柱被分割成一连串的小液滴，根据选定的某个参数由逻辑电路判明是否将被分选，而后由充电电路对选定细胞液滴充电，带电液滴携带细胞通过静电场而发生偏转，落入收集器中；其他液体被当作废液抽吸掉，某些类型的仪器也有采用捕获管来进行分选的。流式细胞仪工作原理示意图如图 8-19 所示。

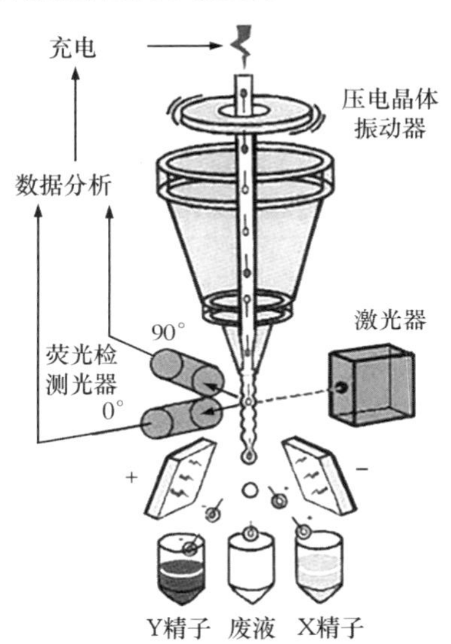

图 8-19 流式细胞仪/精子分选系统工作原理示意图

(Garner，2013)

8.2.5 FCM 数据的显示和分析

以细胞为中心产生的各种光信号，被转变为放大的电信号送往计算机分析器。经计算机处理和分析后，最终以数字和图的形式给出结果。

8.2.5.1 数据显示

FCM 数据的显示方式主要有以下 4 种。

1. 直方图

直方图是一维数据用得最多的图形显示形式(图 8-20)，既可用于定性分析，又可用于定量分析，形同一般 x-y 平面描图仪给出的曲线。横坐标代表荧光信号或散射光信号的相对强度，可以是线性或对数坐标；纵坐标是相对细胞数。直方图的展示方式与平日所接触的大部分数据表示方式大致相同，理解上较为直观，但当需要比较不同标记之间的表达量或是所检测的细胞在一个细胞群体中所占的比例特别少时，则遇到瓶颈，不得不转向散点图。

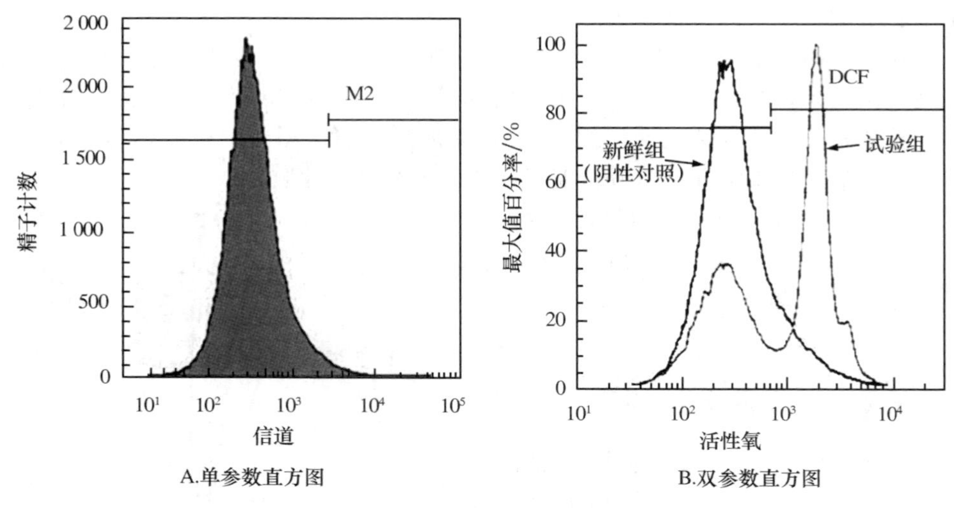

A.单参数直方图　　B.双参数直方图

图 8-20　猪的鲜精检测直方图

（王昕，2015）

2. 散点图

散点图十分利于两参数图，而两个参数分别分布在 x 轴和 y 轴上，并且细胞计数以密度(点)图或轮廓图的形式显示(图 8-21)，可显示其频率分布，同时也可以不同的颜色以标识给定位置的单元格密度。当用象限标记将散点图分为四个部分时，在直方图理解的基础上，可知右上象限表示荧光标记均为阳性或双阳性细胞，而左下象限则恰恰是显示两个标记均为负的细胞，左上象限和右下象限则分别代表只对 y 轴参数或 x 轴参数标记为正的细胞。

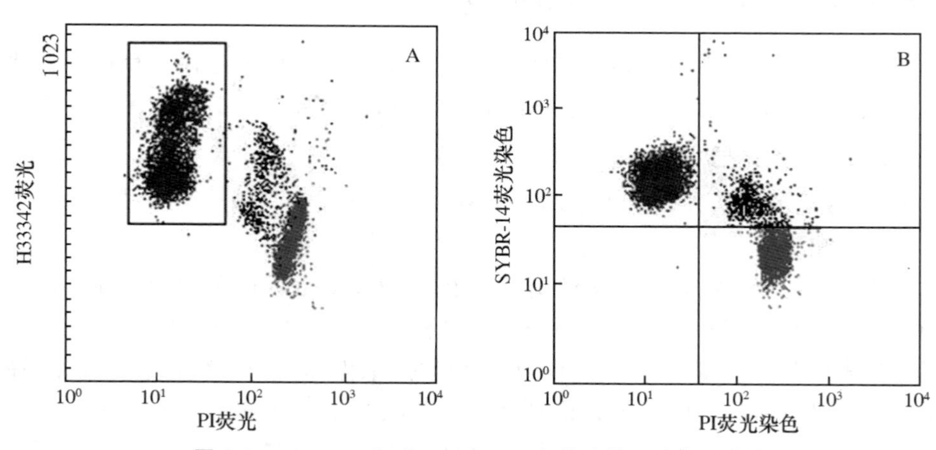

图 8-21　H33342/PI/SYBR-14 三色荧光精子染色散点图

(Cai K. ,2005)

3. 二维等高线图

类似于地图上的等高线表示法。与散点图相类似，等高线图也可以代表两个通道的信息，但其优势在于可以更直观地体现细胞的密度，流式细胞图里的等高线越密集则表示细胞数目密度的变化越快。图 8-22 表示用氢乙啶和 H33258 对精子进行荧光染色后流式分析精子的活性氧(ROS)含量。左下象限的细胞膜完整，不产生 ROS；右下象限的细胞膜完整，ROS 生成呈阳性；右上象限的细胞有一个受损的膜，并对 ROS 生成呈阳性反应。

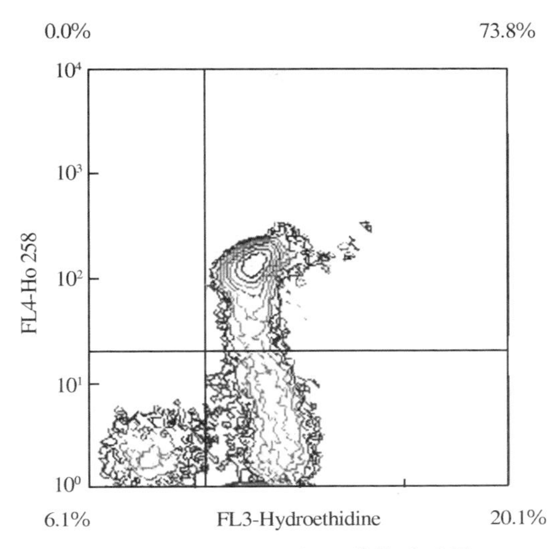

图 8-22 SYBR-14/PI 标记的精液质量状态二维等高线图

(Hossain, 2011)

4. 三维等高线图

三维等高线图是利用计算机技术对二维等高线图的一种视觉直观的表现方法。图 8-23 是用三维等高线图显示 SYBR-14/PI 标记法评价精子生存能力评价的结果。三维等高线图显示活精子和死精子的明显峰值，且死亡的精子和细胞碎片也很容易被识别。

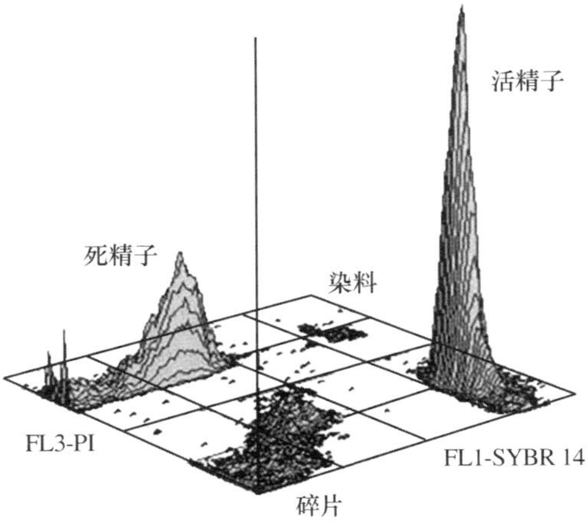

活精子
死精子
染料
FL3-PI
FL1-SYBR 14
碎片

图 8-23 SYBR-14/PI 标记的精子生存状态三维等高线图

(Hossain, 2011)

8.2.5.2 FCM 检测的数据分析

FCM 数据分析的目的就是需要确定所要研究的目的细胞器，这就需要进行一些列的门控(gating)操作，我们俗称为设门。设门就是划定某一区域的细胞群体，对其单独加以分析或分选。如图 8-24 所示，左图 A 为未设门的精子散点，右图 B 为来同散点设门的情部，R1 区域为精子，R2 区域为非细胞颗粒。门的形状可任意，方法有以下 2 种。

1. 阈值设门

FSC(前向散射光)是最常用的阈值参数。FSC 和细胞的大小正相关。用 FSC 设阈值,可以使低于该阈值的细胞碎片等其他杂质的信号不被处理。

2. 散射光设门

以 FSC 和 SSC(侧向散射光)联合设门较常用。其最大优点是可以排除碎片或噪声的干扰。可以根据 FSC 和 SSC 散点图上不同细胞分布的不同,来设门目的细胞群。

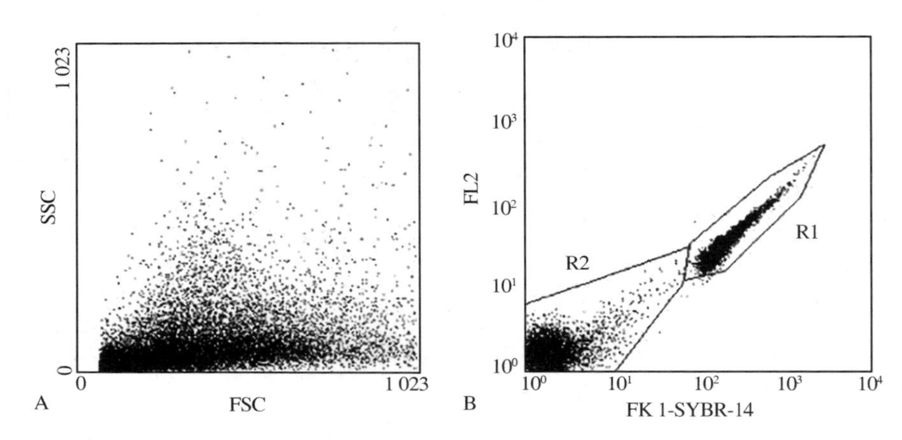

图 8-24　SYBR-14/Mitotracker Deep Red 荧光染色检测精子点图

(Hallap,2005)

设门的过程一般没有一个标准化的指南,即使是领域内专家,在一些圈门问题上都存在个体之间的差异和分歧。很多圈门依据都来源于我们前期对细胞表型特点的认知和经验。但是有一些通用普遍的圈门手段如果应用得当,也能帮助我们有效排除杂信号,提高数据的可靠性。

流式细胞术设门要考虑的因素包括:排除细胞碎片;应用合适的荧光阴性对照;排除死细胞;如果合适,使用一种共享标记物(比如 CD45 白细胞标记或与之等效的泛一细胞群标记)染色;设置必需的荧光分析点图。

8.2.6　流式细胞仪与荧光显微镜的区别

在对荧光标记的精子进行质量检测的研究中,流式细胞仪和显微镜是目前使用最广泛的工具,两者都能通过精子与不同荧光素的结合,经荧光显色的不同来对精子的特性进行分析,但工作原理和检测结果又存在较大的差异。两者不同见表 8-1。

表 8-1 流式细胞仪与荧光显微镜的区别

区别	流式细胞仪	显微镜
光源	激光	自然光、灯光
对象	细胞、生物粒子	细胞、组织等
承载工具	鞘液及流动室	载玻片
检测信号	光学信号	形态及染色
放大方式	PMT 放大电路	目镜×物镜，光学放大
统计	计算机	人工
结果	多参数，综合分析	单参数，简单分析
结果呈现形式	数字和数据关系图	放大图像

采用荧光显微镜检测的传统方法存在操作技术难度大、检测速度慢、结果受主观影响等特点。将荧光染色与 FCM 结合为精子功能分析提供了快速、客观、多指标、大通量的检测手段，被认为是精子质量检测的一个新平台。随着其在精子品质检测中的优势逐渐被认识，FCM 开始在人类辅助生殖、家畜精子等研究和应用领域得到广泛应用。

8.2.7 流式细胞仪检测精子质量实例

8.2.7.1 精子活率检测

荧光染色法检测精子活率(活精子百分率)是基于荧光染料可通过精子质膜与精子 DNA 相结合并显色的原理。常用的探针主要有两类：其一为膜不透性的 DNA 探针，染料只能通过破损的质膜与精子 DNA 结合，即对死精子特异的荧光染料。如 PI、Hoechst 33342、EB(溴化乙锭)和 Yo-Pro-1 等，其中以 PI 最为常用。其二为膜通透性的染料，又称为活细胞染料，它可通过质膜完整的精子，与活精子的特异细胞器结合并发荧光，常用的活细胞染料有 SYBR-14、CFDA(羧基荧光素双醋酸盐)、CMFDA(羧基二甲基荧光素双醋酸盐)等。特异性结合死精子的荧光染料可以单独使用，但在实际应用中，为了提高检测效果，常将 2～3 种染料联合使用。

Cai K. (2005)用 H33342/PI/SYBR-14 3 种荧光染料对精子进行三重染色，并用流式细胞术进行定量分析，结果(图 8-21A)发现 PI 与 H33342 荧光显色出两个主要种群和一个过渡的双染色种群，具有高 H33342 荧光和低 PI 荧光(R1)的细胞是活精子，具有高 PI 和低 H33342 荧光的细胞是死精子，而同时发出两种荧光的双阳性精子是正处于从活向死过渡的精子；图 8-21B 中精子的分布被分为四个象限，显示 SYBR-14 阳性精子(SYBR-14＋/PI－)(右上象限，活精子)的比例与

H33342 阳性精子(H33342+/PI-)的比例相互对应,几乎完全相同。3 种荧光染色法更准确地评价精液中活精子的比率。

8.2.7.2 精子顶体完整性检测

流式细胞仪检测精子顶体完整性常采用 FITC(异硫氰酸荧光素)标记的凝集素检测精子的顶体状态。常用的凝集素有 PNA(花生凝集素)、PSA(豌豆凝集素)和 ConA(刀豆凝集素)等。在常用的 PNA 和 PSA 中,PNA 效果最好。一般是直接用 PI(或 Hoechst 33258 和 EthD-1)和 FITC-PNA 联合标记精子,避光孵育后利用流式细胞仪检测。其结果:PI+ 为死精子;PNA+/PI- 为发生顶体反应精子;PNA-/PI- 为顶体完整的活精子(图 8-25)。凝集素对精子有一定毒性,故染色时间不宜过长。

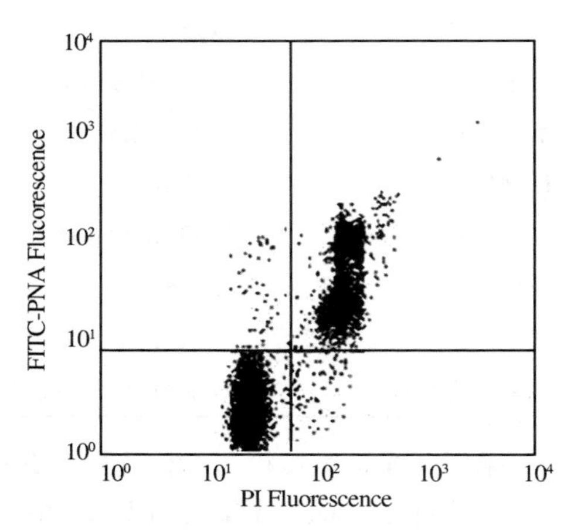

图 8-25 FITC-PNA/PI 荧光染色精子检测顶体完整性

(Cai, K. ,2005)

8.2.7.3 精子线粒体活性检测

常用的线粒体特异性探针有罗丹明 123 (R123)和 JC-1 等。R123 是一种阳离子化合物,积累在线粒体中发挥跨膜电位的功能,它与溴化乙锭(EB)联合染色,可同时检测精子活率和线粒体活性。R123 在线粒体中积聚并发出绿色荧光,荧光强度取决于正常线粒体的总量。膜受损的精子通常通过摄取 EB 或 PI 来鉴别,以区分精子的死活。但该染料不能区分具有高呼吸频率的线粒体。当线粒体膜电位丢失时,R123 就会从细胞中被洗出。R123 的主要缺点是灵敏度低,在线粒体上有几个能量无关的结合位点。

线粒体染色剂 JC-1 被认为是检测冷冻精子线粒体活性的最可靠指标。在低浓度下以单体形式存在,产生绿色的精子确实可以区分具有低和高膜电位线粒体的精子。在高膜电位的线粒体中,线粒体内 JC-1 的浓度增加,染色形成聚集体,发出荧光橙色(图 8-26A)。JC-1 的主要缺点是需要两个荧光检测器来评估一个精子属性。MitoTracker Deep Red 荧光染料,它只需要一个检测器来识别具有高和低线粒体膜电位的精子。用活性染料 YO-PRO-1 和线粒体探针 MitoTracker Deep Red 双染色的精子可以区分有或没有活性线粒体的活精子(图 8-26B)。但 MitoTracker Deep Red 的光谱特性不适合仅配备 488 nm 激光源的小流式细胞仪。

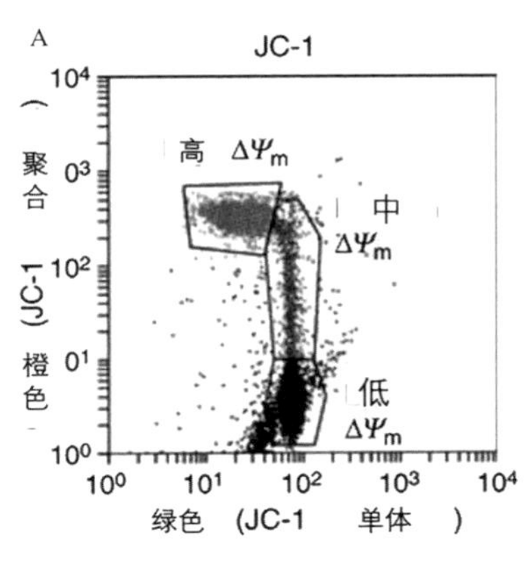

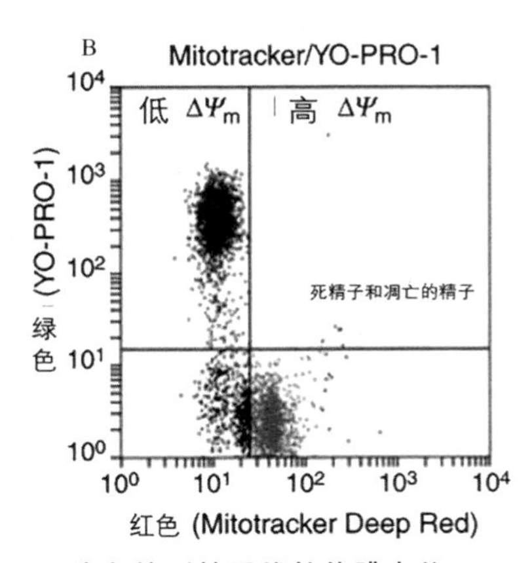

图 8-26 JC-1 和 MitoTracker Deep Red 染色检测精子线粒体膜电位

(Martinez-Pastor,2010)

8.2.7.4 精子染色质结构测定(SCSA)

精子染色质受损会损害精子的受精能力,降低体外受精或授精成功率,导致流产或胎儿畸形,甚至降低后代的生存能力。因此,精子 DNA 完整性检测成为评价精子受精能力的重要指标之一。SCSA 测定法是一种广泛使用的精子 DNA 完整性检测方法,主要是使用吖啶橙(acridine orange,AO)染色法进行检测。吖啶橙是一种易插入 DNA 的异色荧光色素。当它与双链 DNA (dsDNA)结合时,发出绿色荧光,而与单链 DNA (ssDNA)结合时,发出红色荧光。即 DNA 结构完整的精子发绿色(green)荧光,DNA 断裂的精子发红色(red)荧光。图 8-27 所示为 AO 染色精子后经流式细胞仪检测的结果,图 8-27A 检测的是精子数量较少的样品,显示中或高 DFI(红色荧光/总荧光)。对角线右侧的细胞 DFI 增加,也称为 COMP(主要种群之外的细胞)。右上角的插图显示了 DFI 的直方图,大多数精子都在低 DFI 的峰值内。相反,图 8-27B 显示 COMP 区精子数量更多,因为 DFI 水平增加。

精子 DNA 完整性检测结果用 DNA 碎片指数(DFI)来表示,DFI=红色荧光精子数/总精子数×100%。

尽管 SCSA 检测方法简单,但许多因素会影响其结果。因此,标准样品的制备、变性和染色条件和时间必须严格控制,AO 必须是最高质量的(色谱纯化)。必须仔细调整精子浓度和使用 AO 溶液稀释,因为 AO 必须与精子样品保持平衡(关于 AO 和碱基对之间的摩尔关系)。

流式细胞仪结合荧光染色法为当前精子质量指标提供了快速、可靠的检测结果,其不受操作者主观影响。但由于流式细胞仪昂贵,仅能在人类医学检测和条件较好的实验室使用。一方面,FCM 在精子质量检测上仍存在一定不足,需要硬件升级和方法优化,如使用 3 种以上的荧光染料同时检测多个精子质量指标;另一方面,牛和猪的冻精先后已实现标准化的商业生产,冻精产品质量检测迫切需要

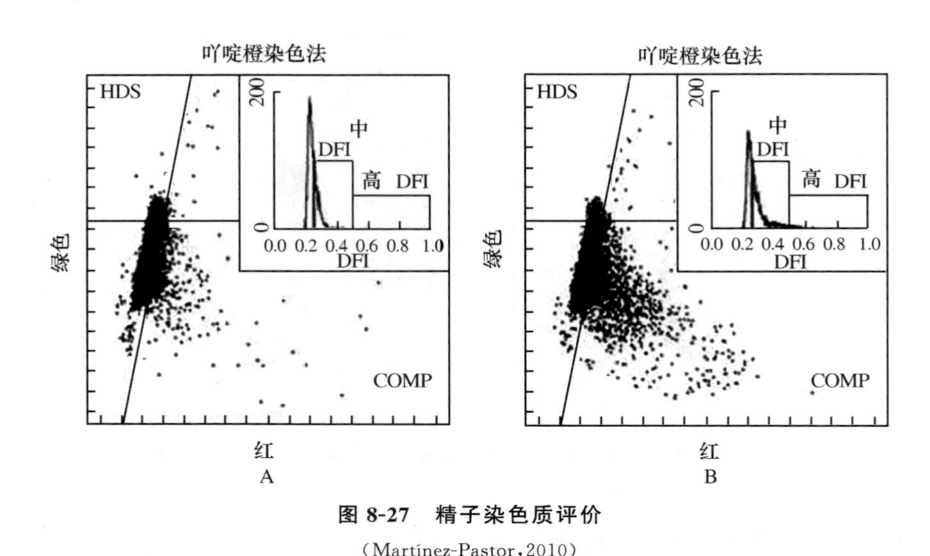

图 8-27 精子染色质评价

(Martínez-Pastor,2010)

FCM 提供高通量、可靠的检测指标。流式细胞仪的应用普及和成本进一步降低，将在公猪站常温保存精液和冻精质量检测中发挥重要作用。

8.3 实验室检测方法与精子质量/受精能力之间的关系

研究和实践证实，冻融过程对精子顶体、质膜、线粒体等均造成不可忽视的损伤，故多个指标的检测结果才能较全面地对精子质量做出客观的评估。精子活力、顶体完整性、线粒体活性、质膜完整性与卵子的体外受精率之间存在不同程度的相关性，上述检测方法为精液质量评估提供可参考的参数与指标。精子形态、活力、顶体完整性、线粒体活性等质量指标均被证实与体外受精率呈现明显正相关(表 8-2)。

表 8-2 部分精子质量检测指标与体外受精率的相关性

检测指标	与体外受精率的相关系数(r)	数据来源
精子活力	0.15～0.83	Kjstad H，等(1993)，Januskauskas A，等(2003)
精子质膜完整性	0.35～0.59	Alm H，等(2001)，Januskauskas A，等(2001)
精子顶体完整性	0.60～0.84	Whitfield CH，等(1995)，Januskauskas A，等(2000)
精子与透明带的结合能力	0.50	Zhang BR 等(1998)

思考题

1. 冻融过程对猪精子会造成哪些损伤？

2. 为什么猪冻精质量检测指标远多于常温保存精液？

3. 猪冻精质量检测指标主要有哪些？

4. 请说出精子顶体完整性的两种检测方法。

5. 请说出精子质膜完整率的两种检测方法。

6. 精子活力、顶体完整性、线粒体活性、质膜完整性与精子受精能力之间存在什么相关性？

7. 精子畸形率和细菌数量等指标与精子品质存在什么相关性？

8. 简单谈一下精子检测技术的发展趋势。

第9章

猪冷冻精液的卫生与检疫

【本章提要】冷冻精液的质量优劣很大程度上取决于公猪精液的质量，而猪精液微生物污染亦成为影响冻精质量重要因素。在养猪业，细菌、病毒及衣原体等病原微生物可以通过精液传播，这些病原微生物极大地影响了精液质量和母畜繁殖性能。虽然可以通过一些措施抑制猪精液中的病原微生物大量繁殖，但输精后仍存在母猪感染的风险。因此，开展猪冷冻精液的卫生管控和检疫监测，保证冻精产品生物安全，是提高冻精质量和公猪繁殖潜能的必要环节。

9.1 猪精液中的病原微生物

9.1.1 猪精液中的病原微生物种类

猪精液中病原菌的来源具有多重性。首先公猪阴茎包皮、皮肤及毛发、采精器皿及操作人员等均为潜在的细菌污染来源。其次，公猪自身健康状况直接影响精子的质量特性，尤其是生殖系统相关疾病会造成精液污染。另外，猪精液作为一种天然培养基，本身适合细菌及真菌的生长与繁殖，猪精液含有病原菌已经成为较为普遍的现象。因此，随着精液细菌污染的加剧，对猪精液质量以及人工输精使用率产生严重影响。由于猪精液采集过程并非在无菌条件下进行，冷冻精液的制备过程亦可产生细菌二次污染，因此，细菌对猪冷冻精液的危害已经引起普遍关注。

9.1.1.1 猪精液中致病细菌来源及种类

1. 猪精液中致病细菌的来源

猪精液中的致病细菌主要有动物源或非动物源。动物源细菌污染可能来自公猪的全身或局部感染，病原体通过睾丸和其他生殖道组织排散，也可能源于包皮积液、呼吸道分泌物和粪污颗粒。非动物源的污染主要来自采精人员（头发、皮肤、呼吸道分泌物)，来自精液加工过程中的用水、通风系统、气溶胶以及水槽/排水沟等，主要有以下三种来源途径。

(1)猪自身内源性的细菌。来自睾丸炎及尿道炎的感染公猪个体，虽然健康猪的睾丸和副性腺是无菌的，但其外生殖器(包皮憩室)可能含有不同种类的致病细菌，如猪生殖器易感的大肠杆菌等条件致病菌，以及由于接近肠道而感染的正常肠道菌群等。

(2)采精过程中接触到的细菌。包括采精人员的衣物、呼吸道分泌物，皮肤和毛发所携带的细菌和采精环境中的细菌等，主要有葡萄球菌类、假单胞菌类、布鲁氏菌属等细菌。

(3)精液加工及储存过程中接触到的细菌。包括稀释精液所用的量筒、量杯、温度计、移液枪头等仪器所携带的细菌。尽管用于稀释精液的稀释剂中一般都添加了抗菌剂，但目前多数实验表明，从精液中分离到的细菌多数都对普通抗菌剂有抗性，提示细菌在含抗菌剂的精液中仍具有生存繁殖的能力。

2. 猪精液中常见的致病细菌

表 9-1 列出国内外研究人员在猪的精液中分离到的细菌种类，主要包括大肠杆菌、变形杆菌属、芽孢杆菌属、沙门菌属、肠杆菌属、克雷伯菌属、葡萄球菌属、链球菌属以及假单胞菌属等。

表 9-1　公猪精液中分离的菌群

Tamuli 等	Danowski	Dagnall	Sone 等	谢东淇等	张家庆等	王永等
埃希氏菌属	埃希氏菌属	埃希氏菌属	埃希氏菌属	埃希氏菌属	埃希氏菌属	链球菌属
假单胞菌属	假单胞菌属	假单胞菌属	假单胞菌属	沙门菌属	沙门菌属	假单胞菌属
芽孢杆菌属	普罗维登斯菌属	芽孢杆菌属	芽孢杆菌属	志贺氏菌属	棒状杆菌属	克雷伯菌属
葡萄球菌属	葡萄球菌属	葡萄球菌属	葡萄球菌属	葡萄球菌属	变形杆菌属	葡萄球菌属
克雷伯菌属	奈瑟菌属	克雷伯菌属	克雷伯菌属	曲霉属	克雷伯菌属	
变形杆菌属	变形杆菌属	变形杆菌属	变形杆菌属	变形杆菌属		
肠杆菌属	柠檬酸杆菌属	黄杆菌属	肠杆菌属	肠杆菌属		
巴氏杆菌属		放线菌属	放线菌属	青霉属		
柠檬酸杆菌属		柠檬酸杆菌属	柠檬酸杆菌属			
		棒状杆菌属	沙门菌属			
		链球菌属	链球菌属			
		微球菌属	微球菌属			
		拟杆菌属				
		乳杆菌属				
		放线杆菌属				
		不动杆菌属				

9.1.1.2 猪精液中病毒的来源及种类

1.精液中病毒的来源

猪精液中的病毒可能来自被感染的公猪,也可能产生于精液采集、加工和贮存过程。用于人工授精的精液是经处理后大量分装而成,这样就增加了病毒在猪群中广泛传播的风险。最常见的病毒是通过猪与猪的直接或是近距离接触传播的,也可以通过血液、唾液、精液等途径传播,造成疫病的流行。含有病毒的精液会导致精子质量下降、胚胎死亡,引起受体母猪子宫内膜炎、全身感染和/或发病。判断精液中是否存在病毒可以通过病毒活性检测、病毒核酸检测或对公猪进行血清抗体检测间接证明。

(1)内源性病毒。同病菌相似,公猪精液中亦可能携带病毒,分内源性和外源性两种病毒。猪精液中的内源性带毒指公猪自身携带病原,如其循环系统中的血液、淋巴系统中的淋巴结与淋巴液、生殖系统中的睾丸与附性腺、泌尿系统中的包皮等组织携带的病原。或者通过血液、唾液及其他方式在猪与猪之间传播的病毒,如非洲猪瘟、猪瘟、猪伪狂犬病、口蹄疫、猪蓝耳病和猪水痘病等病毒。此外,猪精液中还存在一些特殊的病毒,如腺病毒和巨细胞病毒等。

(2)外源性病毒。外源性带毒的来源主要来自水源、饲料原料、空气、猪场使用的器具、猪场人员如采精员与人工授精员等、被公猪粪便污染了的腹部或包皮、采精过程以及精液加工过程等。

2.精液中分离到的常见病毒

任何能通过口腔、接触、自然交配或人工授精而传染的病毒性感染,必然有感染生殖道和精液的危险。这类病毒,可从精液中分离出,也可从公猪生殖器官中分离到,表 9-2 中列出精液中部分病毒的检测方法。已知会感染猪精液且列入世界动物卫生组织(OIE)名录的病毒主要有以下几种:

(1)非洲猪瘟病毒(ASFV)。非洲猪瘟病毒是一种有包膜 DNA 病毒,属于非洲猪瘟病毒科、非洲猪瘟病毒属。病毒侵入后,首先在周围淋巴结的单核细胞和巨噬细胞中复制,然后通过血液和/或淋巴系统扩散至全身。已从感染公猪精液中分离出该病毒,但尚未知其对猪精液质量和射精量的影响,且无有效治疗方法或疫苗。

(2)猪瘟病毒(CSFV)。猪瘟病毒也称为猪霍乱病毒,是一种高度可变的 RNA 病毒,具有高度传染性。虽然世界上大多数地方已经消灭了猪瘟病毒,但是在那些有野猪群的地方,猪瘟病毒依然流行,而且通过与野猪接触,病毒也能从野猪传入家猪。猪瘟病毒能够通过人工授精传播,用受污染的精液给母猪授精,胚胎死亡率高,并且能在胎儿中分离出该病毒。随后用猪瘟病毒试验感染公猪,在感染后的 53 d 内,精液中发现了这种相对稳定的病毒。受感染的白细胞也可以从精液中排出，从而使其传播，所以只有阴性的公猪才可引入母猪群，同时，疫苗可以有效抑制这种疾病。

(3)猪伪狂犬病毒(PRV)。猪伪狂犬病毒是一种有包膜 DNA 病毒，属于疱疹病毒科中的 α-疱疹病毒亚科、水痘病毒属。该病毒曾在全球范围内流行，但在欧洲、北美和新西兰部分地区的家猪中，已成功消除。家猪中，该病毒主要通过鼻-鼻传播，并在鼻黏膜和咽黏膜中复制。也会在生殖道中复制。因此，在繁殖过程中，暴露于受感染的阴道黏膜或精液时，可导致病毒在猪之间传播。母猪出现繁殖性障碍，并且可以通过胎盘屏障，发生垂直感染，使胎儿死亡；通过对睾丸进行实验感染，观察到睾丸白膜出现变性和坏死灶。在鼻内、睾丸内和包皮内建立感染，发现公猪精子出现短暂性异常。包皮自然感染，以及实验感染后，尿液、包皮膜或精液中不定期分离出病毒。通过血清学筛查和选择阴性公猪能够有效防止携带这种病原体的种猪被用于人工授精，接种疫苗也是一种行之有效的方式，近年来已经开发了各种针对猪伪狂犬病的疫苗，主要包括灭活疫苗，减毒活疫苗和活病毒载体疫苗。

(4)猪圆环病毒 2 型(PCV2)。在种猪生产过程中，猪圆环病毒 2 型会引起各种疾病，包括影响繁殖性能。在人工授精过程中，通过实验注射 PCV2 病毒导致母猪繁殖障碍(晚期流产和死产)。PCV2 也与断奶仔猪的多系统衰竭综合征(PM-WS)有关。目前已经在自然和实验注射感染的公猪精液中检测到 PCV2，尽管分离出的游离病毒数量较少。PCV2 病毒也能在没有透明带的胚胎中进行复制，导致胚胎死亡。除了传统接种疫苗以及血清学筛查外，最新的研究表明，针对 PCV2 必需基因的 CRISPR/Cas9 系统可能在未来成为一种新的治疗 PCV2 感染的药物。

(5)口蹄疫病毒(FMDV)。口蹄疫病毒是一种具有高度传染性和侵袭性的病毒，而猪是口蹄疫病毒的天然宿主。病毒一般通过呼吸途径进入体内，然后通过生殖道进行传播，并在上皮细胞中复制，会导致病毒血症。FMDV 的传播主要是通过排泄和分泌，包括精液的排出。与猪水疱病(SVD)有相似的临床症状，但是发病机制不相同。在感染后的第 9 天，可以从公猪精液中检测到 FMD，SVD 在感染后第 4 天就可以检测到，精液中病毒的浓度很低，由于这两种病毒已经在许多国家被消灭，并且在另外一些国家也有严密的监控，所以在人工授精过程中，通过精液传播这些病毒的风险很低，可以通过诊断筛查和其他一些可预防的措施将疾病传播的可能性降到最低。

(6)日本乙型脑炎病毒(JEV)。日本乙型脑炎(JE)是一种通过蚊虫传播 JEV 感染引起的人兽共患病，该病原体于 1934 年在日本最早被发现，会导致猪繁殖障碍。野猪被感染后，会引起生殖道炎症，导致睾丸水肿、充血，产生大量异常精子，并显著降低精子总数和精子活力。这些变化通常都是暂时的，大多数公猪可以完全恢复,病毒一般可以在精液中存在5周,之后进行脱落。及时的诊断检测和使用疫苗可以最大限度地减少JEV的传播。

(7)猪繁殖与呼吸综合征病毒(PRRSV)　猪繁殖与呼吸综合征(PRRS)也是导致猪繁殖障碍的主要病因之一,可以通过多种途径传播,例如用受感染的精液进行人工授精,也可以通过唾液、鼻腔分泌物、尿液以及粪便进行传播。PRRSV感染后会引起许多临床症状,包括种猪繁殖障碍、仔猪死亡和呼吸道疾病等。这种病毒很可能是通过受感染的单核细胞和巨噬细胞的迁移到达生殖道和精液。实验感染PRRSV的公猪精液被检出病毒的时间差别很大,从感染后的第2天到第92天不等,这种显著的差异可能是由各种因素造成的,包括猪的个体差异、病毒毒株的类型、病毒检测的技术。PRRSV感染后精液质量改变具有个体差异性,包括精子运动性降低、异常顶体百分比增加、异常形态精子增加,特别是头部异常的精子数量增加。在感染的急性阶段,一般是通过精液排出病毒,精液排泄的持续时间有所不同,通常发生在感染后的几天至几个月。PRRSV是一种可变的RNA病毒,在下游传播会造成严重的健康问题,并且接种疫苗似乎不能预防再次感染。在美国,大多数精液稀释液分发和销售之前,每天都通过PCR对公猪精液进行有代表性的PRRSV筛查。对公猪血清、血液、精液或者唾液样本进行PCR检测,可以容易地诊断出PRRSV。目前最好的控制方法是将公猪引入畜群之前,对公猪进行一系列的预先筛选,确保生物安全性。

(8)猪肠道病毒　猪肠道病毒可能会导致母猪繁殖障碍,使胎儿死亡和木乃伊化,出生的仔猪死胎数和弱仔数增多。它们在环境中具有很强的抵抗力,并能在粪便中存活很长时间。虽然能够从雄性生殖道分离出猪肠道病毒,但是进行人工授精时不会传递给母猪。在采集精液的时候,可能造成精液污染,受感染的公猪可能导致精囊炎、精子异常和性欲下降。猪肠道病毒主要通过粪口途径传播,所以一定要注重饮水的消毒,以及定期清理粪便,将饮食区和排便区分开。

(9)猪流行性腹泻病毒(PEDV)　猪流行性腹泻(PED)在20世纪70年代首次出现在欧洲,引起这种疾病的病毒是一种被称为猪流行性腹泻病毒的甲型冠状病毒。猪感染PEDV后会导致严重的腹泻、呕吐和脱水,也会导致仔猪死亡率提高。PEDV传播途径多种多样,主要传播方式为直接或间接接触受感染猪,或者通过受污染的粪便,经粪口途径传播。此外,PEDV能够通过受污染的乳汁从母猪垂直传播给仔猪。同时,通过精液传播的PEDV也值得关注,因为在感染的急性期公猪会出现病毒血症,在此期间病毒可能在血液和性器官中恢复。许多病毒消毒剂已被证明对PEDV的灭活有效,可以有效控制PEDV传播。

表 9-2　公猪精液中分离的病毒

病毒种类	感染公猪方式	检测时间(方式)	资料来源
猪瘟病毒	实验接种	7 d 和 11 d(病毒分离)	de Smit 等(1999)
		7～63 d(RT-PCR)	Choi 和 Chae(2003)
		11、18、21 和 53 d(病毒分离)	
		8、12、16 和 21 d(病毒分离)	Floegel 等(2000)
口蹄疫病毒	接触接种过的同伴	9 d(病毒分离)	McVicar 等(1977)
乙型脑炎病毒	实验接种	35 d	Ogasa 等(1977)
		7 d(RT-PCR)	Zheng 等(2019)
猪圆环病毒	自然感染	检出(多重巢式 PCR)	Kim 等(2001)
		检出(巢式 PCR)	Hamel 等(2000)
	实验接种	5～47 d(巢式 PCR)	Larochelle 等(2000)
猪肠道病毒	实验接种	45 d(病毒分离)	McAdaragh 和 Anderson (1975)
	自然感染	检出(病毒分离)	Phillips 等
猪细小病毒	自然感染	检出(病毒分离)	McAdaragh 和 Anderson (1975)
		检出(多重套式 PCR)	Kim 等(2003)
	实验接种	5、8、9 和 21 d(猪生物测定-血清转化)	Gradil 等(1990)
猪繁殖与呼吸综合征病毒	实验接种	2～57 d(巢式 PCR)	Shin 等(1997)
		12～21 d(巢式 RT-PCR)	Christopher-Hennings 等 (1998)
		47 d(巢式 RT-PCR)	Christopher-Hennings 等 (1995)
		92 d(巢式 RT-PCR)	Christopher-Hennings 等 (1995)
		7 d 和 8 d(猪生物测定-血清转化)	Swenson 等(1994)
		43 d(猪生物测定-血清转化)	Christopher-Hennings 等 (1995)
		43 d(猪生物测定-血清转化和病毒分离)	Swenson 等(1994)
		7 d(病毒分离)	Prieto 等(1996);Shin 等 (1997)

续表 9-2

病毒种类	感染公猪方式	检测时间(方式)	资料来源
		11 d(病毒分离)	Christopher-Hennings 等(1995)
		6 d(MicroRNA 测序)	Calcatera 等(2018)
猪伪狂犬病毒	自然感染	检出(病毒分离)	Medveczky 和 Szabo(1981)
	实验接种	12 d 和 21 d(猪生物测定-血清转化)	Hall 等(1984)
红疹病毒	实验接种	2～49 d(病毒分离)	Solis 等(2007)
猪水疱病病毒	接触接种过的同伴	4 d(病毒分离)	McVicar 等(1977)
猪流行性腹泻病毒	实验接种	每天(RT-PCR)	Gallien 等(2018)

9.1.1.3 猪精液中的衣原体来源与分类

猪精液中特定的细菌性病原体也包括衣原体(chlamydiaceae)。衣原体是一类专性细胞内寄生的革兰氏阴性菌,可引起人和动物多种疾病。在猪只上已经分离到的衣原体包括猪衣原体(*Chlamydia suis*)、羊流产衣原体(*Chlamydia abortus*)、兽类衣原体(*Chlamydia pecorum*)和鹦鹉热衣原体(*Chlamydia psittaci*)。这些衣原体的共同特性均有 DNA 和 RNA 两种类型的核酸,含有核糖体;类似细菌的二分裂增殖方式;具有黏肽组成的细胞壁;具有独立的酶系统,能分解葡萄糖释放 CO_2,有些还能合成叶酸盐,但缺乏产生代谢能量的作用,必须依靠宿主细胞的代谢中间产物,因而表现严格的细胞内寄生;对许多抗生素、磺胺敏感,能抑制生长。据抗原构造、包涵体的性质、对磺胺敏感性等的不同,将衣原体属分为沙眼衣原体、鹦鹉热衣原体和肺炎衣原体 3 个种。因猪精液中衣原体相关研究较少,有关其来源及污染途径还没有确凿证据,目前尚未确定。

9.1.2 精液中微生物的季节变化

在不同季节,种猪精子质量和繁殖潜能存在明显差异。传统研究认为,光周期对睾丸类固醇激素的产生有明显的影响。夏季精子运动性能、精子密度、精子质膜及顶体完整性明显降低,而形态异常精子比例、精子凝集现象显著增加,在冬季猪的精液质量则会明显提高。季节变化导致的精液质量差异,对猪冷冻精液的生产影响极大。此外,冬季和夏季精液样本的细菌群落生物多样性存在显著差异,即季节会显著影响猪精液中优势细菌及菌落多样性的分布。门水平上,冬季优势菌群为厚壁菌门,夏季优势菌群为变形菌门;属水平上,冬季优势菌群为乳杆菌属,而夏季优势菌群为假单胞菌属。且冬季样本中菌落的种类和数量都显著高于夏季。与夏季精液中乳杆菌属的相对丰度相比,冬季乳杆菌属的相对丰度显著增加。相反,冬季样品中假单胞菌的比例明显较低,而夏季假单胞菌的比例明显更高,表明冬季精液中物种多样性显著高于夏季。分析其原因可能有以下两点:一是具有杀菌作用的紫外线辐射更为强烈,可能导致夏季猪舍中细菌多样性减少,大气中的紫外线辐射强度会显著改变微生物的生存状态,例如大肠杆菌、伤寒沙门菌、金黄色葡萄球菌的灭活率与UV-B光谱范围直接相关;二是夏季的高温加强了养猪场对疾病的预防和控制,尤其是更多的抗生素用量在一定程度上减少了细菌的产生,尽管没有直接的证据表明夏季公猪精液中的微生物多样性与抗生素的使用有关,但高剂量抗生素的使用可以改变猪肠道中的微生物的构成,进而可能影响精液中微生物的组成。

9.2 猪精液中病原微生物的危害

9.2.1 猪精液中致病菌的危害

9.2.1.1 致病菌损伤精子的方式

猪精液中所含致病细菌的种类繁多,以革兰氏阴性菌为主。致病菌进入精液,在适宜的温度条件下迅速增殖,对精子的活力、形态、超微结构和繁殖潜能等造成不同程度的影响。致病菌通常会以黏附于精子表面、破坏精子膜的完整性或破坏精子的蛋白修饰功能等方式损伤精子。

1. 黏附于精子细胞表面

黏附和定殖是病原菌感染细胞致病性的重要组成部分,一般情况下需要病原菌的菌毛以及分泌蛋白共同作用完成该过程。

细菌对精子细胞的黏附作用,进而影响精子活力参数:如大肠杆菌会通过表面P-型菌毛和I-型菌毛黏附在精子头部或尾部的特定受体上,从而引起精子凝集现象。此外,细菌可以黏附在精子细胞膜上,通过结合和牵引造成精子结构和功能的破坏,如大肠杆菌通过甘露糖结合位点黏附在精子表面,并且在精子中段、质膜和顶体造成超微结构的改变,进而影响精子的功能。

2. 破坏精子膜的完整性

细菌可以通过分泌某种毒素进行一系列生化反应来干扰精子细胞膜完整性。大多数革兰氏阴性菌在生长和死亡时都会分泌脂多糖,它是细菌细胞壁的重要组成部分,扮演了细胞内毒素的角色。脂多糖可附着在精子尾部,抑制精子的运动能力。肠杆菌科的一些细菌会分泌α溶血素、脂多糖和肽聚糖片段等物质,对精子质膜和顶体结构完整性产生破坏性，抑制精子的受精能力。

精液中常见的通过释放毒素损伤精子膜完整性的细菌有以下几种。

(1)大肠杆菌。猪精液中大肠杆菌达到一定浓度时，其分泌的可溶性细胞毒素，引起精子细胞质膜结构的破坏；干扰脂质过氧化过程及线粒体 TCA 过程，引起 ROS 含量提升，降低精子活性。大肠杆菌对精子活力的影响并不是瞬时的，通常是在感染 36～48 h 之后，才会出现精子凝集或运动能力明显下降的状况。

(2)产气荚膜梭菌。从精液中分离得到的产气荚膜梭菌，会对精子顶体质膜完整性造成重大影响。产气荚膜梭菌会分泌特定毒素，引起精细胞肌动蛋白(细胞骨架)改变，破坏精子结构。同时产气荚膜梭菌会产生 4 种内毒素，其中唾液酸酶可以增加细菌与某些有害物质在细胞表面的黏合程度，改变细胞质膜结构。另外这些内毒素会通过增加质膜通透性和诱发离子通道形成的方式破坏质膜结构。

(3)铜绿假单胞菌。铜绿假单胞菌能够分泌蛋白水解酶，这种酶能够破坏组织，对哺乳动物精子细胞具有较强的破坏作用。此外，铜绿假单胞菌自身的绿脓素、外膜蛋白和脂多糖对精子质膜和顶体结构完整性产生破坏性，负向调控精子的生理功能，抑制精子的受精潜能。

3. 破坏精子的蛋白修饰功能

细菌释放的毒素对精子的蛋白修饰等功能有破坏作用。成熟精子是特化的细胞，除少数线粒体外几乎没有转录功能，但精子从发生到受精的过程中，很多生理功能均要通过蛋白质翻译后修饰调节。其中丝氨酸、苏氨酸和酪氨酸“磷酸化-去磷酸化”修饰是精子获能及超激活运动的标志性事件，倘若猪精子酪氨酸磷酸化修饰受阻则会影响精子获能、顶体反应和体外受精。前体素结合蛋白(p32)参与顶体成熟过程，促进前顶体的发育。如铜绿假单胞菌，不仅会导致精子前体素结合蛋白减少，而且会抑制 p32 的酪氨酸磷酸化修饰，进而影响精子活力。该 p32 蛋白与精子细胞中 Ca^{2+} 密切相关，而 Ca^{2+} 在精子获能过程中影响蛋白磷酸化修饰，进而影响精子体外获能，超激活运动以及顶体反应。

9.2.1.2 细菌污染降低精液品质的原因

1. 细菌污染导致精子凝集

因病原菌污染而导致精子产生凝集现象，这种情况在猪精液中较为常见。精子凝集是头部相互集合在一起，而尾部向外侧彼此分开，形成团簇现象。受凝集现象的影响，此种状态下的精子只具备原地摆尾，不能产生前向运动状态。新鲜的精液中如被细菌污染，精子凝集现象越发明显。随着猪精液储存时间的增加，精液中细菌含量随之增加，进而导致精子凝集现象加剧。精子凝集现象是对细菌的出现和储存时间的一种应答。猪精液冷冻保存过程中，因超低温抑制细菌的扩繁增殖，但冻融后的精子因低温休克损伤以及细菌的感染作用，精子凝集现象会明显增加。

此外，有研究认为，猪精液在细菌感染后凝集现象增加，其原因是细菌的菌毛与精子质膜的相互作用引发凝集现象。例如，肠杆菌科的细菌如大肠杆菌、阴沟肠杆菌和沙门菌有Ⅰ型菌毛，Ⅰ型菌毛会介导细菌与宿主之间的相互作用，Ⅰ型菌毛受体可能会是精子细胞膜表面的糖蛋白受体。

2.细菌污染影响精子质量参数下降

猪精子的质量参数包括运动参数和其他常规检测指标。运动参数主要包括运动性能（活力）、前向运动速率、直线运动速率和曲线运动速率等。精子运动参数被用作评估精子受精能力的一项重要标准，是精液被污染后最常见的测量参数之一，也作为精子新陈代谢生理机能的一个重要参考。评估精液的品质以及精子的受精能力的常规检测指标，包括精子畸形率、质膜完整性、顶体完整性、线粒体膜电位及DNA的完整性等。猪精液中平均细菌浓度为 $10^3 \sim 10^5$ CFU/mL，在此浓度下精液质量明显下降。通过对大肠杆菌、产气荚膜梭菌、阴沟肠杆菌、铜绿假单胞菌等体外实验表明，随着细菌浓度的增加，精子活力和存活率发生显著变化，顶体完整性、精子凝集、渗透阻力等也呈浓度依赖性。不同浓度铜绿假单胞菌对猪精子的影响证实，铜绿假单胞菌浓度大于 10^4 CFU/mL 时，能够降低猪精子获能能力，精子动力学参数明显降低。

利用商业标准菌株与猪精子进行不同浓度梯度、温度及时间孵育培养，对常规指标进行检测，证实铜绿假单胞菌（*P. aeruginosa*）、阴沟肠杆菌（*E. cloacae*）、梭状芽胞杆菌（*C. perfringens*）和大肠杆菌（*E. coli*）感染猪精子，造成精子活力参数、质膜、顶体完整性及线粒体膜电位的显著降低。另外，电镜技术是精子形态学观察常用技术手段，大肠杆菌在短时间内诱导精子超微结构的改变，损伤精子活力。猪精液体外保存过程中细菌污染致使精子质量特性发生变化，影响猪精子的受精潜能。另外，不同种属细菌对精子的影响及作用方式存在差异。

3.细菌污染诱导精子生理功能发生改变

大肠杆菌会通过脂多糖（LPS）和菌毛等膜外结构黏附在精子表面并分泌细胞毒素，脂质发生过氧化，精子ROS含量升高，精子发生凝集，从而造成精子生理功能的改变。此外，毒性因子能够使精子在不发生凝集的情况下丧失运动能力，并且由于细菌污染，精子酪氨酸、丝氨酸和苏氨酸蛋白磷酸化水平发生了显著变化。铜绿假单胞菌感染猪精子后，促进前顶体素转化为顶体素的p32蛋白酪氨酸磷酸化修饰水平明显降低，说明铜绿假单胞菌是通过特定途径或受体影响精子特异性蛋白，降低精子的活力。1 μg/mL LPS处理猪精子，LPS异常激活线粒体的氧化磷酸化及脂质过氧化，导致精子活力降低。无论细菌或LPS处理精子，精子细胞内能量代谢酶活性或蛋白翻译后修饰水平的变化，对精子活力产生重要的调控作用。

此外，某些革兰氏阴性菌例如奇异变形杆菌（*P. mirabilis*）分泌的外膜囊泡

(OMVs)会显著影响精子质量,尤其是浓度高于 5 μg/mL 时,OMVs 会黏附在精子头部和中段,降低精子活力。此外,OMVs 中包含的小分子脂多糖(LPS)与精子中 ROS 含量和线粒体膜电位密切相关,而高水平的 ROS 含量和线粒体膜电位表明精子更容易发生自噬和凋亡现象,进而影响精液的品质。

4. 细菌污染导致精浆 pH 及渗透压的改变

精浆是精子活动的介质,其含有果糖和蛋白质,是精子的营养物质。精液中细菌的代谢物质会导致精浆中组成及酸性变化,对精子生存不利。有研究显示大肠杆菌和阴沟肠杆菌污染公猪精液后,精液的 pH 下降,一些细菌在非酸性环境下对猪精子有破坏作用。此外,细菌的次生代谢产物以及分泌的毒素会改变精浆成分组成,影响精浆的渗透压。例如,猪精液中接种阴沟肠杆菌后,渗透阻力指数显著下降,精子的储存时间和细菌接种量对渗透阻力指数有影响,表明细菌污染使得精子对环境变化更敏感,这会导致精子的寿命下降。

9.2.1.3 病毒对精子质量和繁殖潜能的破坏性

病毒在感染公猪后,通过血液传播到达生殖道,并在生殖道内进行复制,大部分集中在生精小管中,生精上皮细胞被感染后,会导致细胞脱落,从而影响精子生成。例如,PRRSV 主要存在于未成熟的精细胞以及精液的非精细胞中,特别是精母细胞和巨噬细胞中,PRRSV 在精液中传播的主要途径是感染生精小管的上皮生殖细胞,这些生殖细胞和巨噬细胞能够释放到精液中,从而导致精液带毒,产生生殖障碍,甚至会导致终生不育。

也有些病毒通过副性腺或附睾进入精浆,通过授精过程致母猪发生子宫内膜炎,造成不育症。

9.2.1.4 衣原体污染精液的危害

衣原体感染可引起多种不同的临床病症,包括结膜炎、肺炎、心包炎、多发性浆膜炎或坏死性小肠炎。然而在兽医实验室的常规诊断中并不包括衣原体检测,因而衣原体常常不会引起重视。此外,衣原体常和其他病原菌混在一起,而这些病原菌更加容易被检查到,临床上衣原体疾病被忽视,致使衣原体相关病被看作是危害不大的猪病,有关猪衣原体病的报道较少。尽管在猪的精液中分离鉴定到的衣原体较少,倘若猪冷冻精液中含有衣原体,则对母猪的繁殖生产性能产生一定的影响。公猪感染后,常出现睾丸炎、附睾炎、尿道炎、包皮炎及附性腺的炎症,睾丸肿大进而萎缩变硬,导致种公猪性机能降低或丧失。在临床上衣原体感染的妊娠母猪可致产后无乳征(PPDS),阴道分泌物增加,返情、流产,产木乃伊胎、弱仔和新生仔猪死亡增加等现象;近期的研究证实,衣原体对种公母猪和仔猪的感染普遍存在,且感染率有上升的趋势,给养猪生产造成了较大的损失。

9.2.1.5 螺旋体污染对精液的危害

螺旋体是一种具有慢性传染性的病原体，主要包括猪痢疾病原体、钩端螺旋体、法氏螺旋体及苍白螺旋体等病原体，可通过接触性及气溶胶传播，结构特征是含有外膜鞘和内鞭毛，致病性主要与其分泌的毒素蛋白以及脂多糖等毒力因子有关。其中猪痢疾病原体、钩端螺旋体及法氏螺旋体常感染猪、牛等家畜动物，而苍白螺旋体常见于人类。钩端螺旋体病是一种由钩端螺旋体属的螺旋体直接引起的人畜共患疾病，多种家畜动物成为螺旋体的携带者或媒介。动物繁殖性能与螺旋体感染存在一定的关联性。例如牛感染螺旋体后虽然精液体积、精子细胞密度、pH 等参数变化不明显，但对精子活力、存活率以及精子质膜等结构完整性均产生一定的影响。猪感染螺旋体后影响母猪的受胎率，容易引起子宫内胚胎感染，导致胚胎死亡，易出现流产、木乃伊仔猪和新生仔猪死亡等症状，严重影响仔猪成活率以及产仔数。螺旋体常用检测方法主要有血清凝集反应实验、ELISA 技术、抗体检测技术以及免疫荧光检测等，目前尚无猪精液中检测到螺旋体病原体的报道。猪人工授精已经广泛使用，然而由于猪精液中病原体的存在，不但影响母畜的受胎率，这些病原体甚至会垂直传播给子代。因此，在人工输精前要进行精液中病原体的筛查，尤其是冷冻精液为病原体的有效筛查提供了时间上和空间上的便利条件，多重 PCR 检测技术(M-PCR)在猪冷冻精液病原体筛查中具有很大的应用潜力。

9.2.2 精液污染对母猪生产性能的影响

9.2.2.1 病菌污染对母猪生产性能的影响

精液中的病原菌除了能够破坏精子外，也能够直接影响母猪繁殖潜能。在发情期，母猪的子宫能够抵抗细菌感染，但到了黄体期，随着母猪体内孕激素水平的升高，母猪容易患子宫内膜炎。大肠杆菌能够促进精子凝集，而精子凝集程度升高，相应母猪产仔数会减少。当大肠杆菌的浓度超过 3.5×10^3 CFU/mL 时，母猪产仔数显著减少。尽管母猪的免疫系统能够使共生菌和经性传播获得的细菌之间保持平衡，但是这种平衡可能会被打破。已经有研究证实，体外受精期间的污染与人工授精低成功率有关，如果母猪使用了细菌污染的精液，其繁殖能力会受到影响，每胎产仔数也会受到影响。此外，致病菌也有可能直接侵入胚胎、子宫内膜、组织系统感染，由于精液中的致病菌传播疾病，使得被受精的雌性死亡，从而导致的早期胚胎死亡或仔猪死亡。

9.2.2.2 病毒污染对母猪生产性能的影响

研究表明，种公猪精液是导致病毒性疫病传播的媒介，造成母猪不孕与繁殖障碍。这些病毒既有 DNA 病毒又有 RNA 病毒，其中，猪瘟病毒(CSFV)、猪繁殖与呼吸综合征病毒(PRRSV)、猪日本乙型脑炎病毒(JEV)、猪口蹄疫病毒(FMDV)、猪伪狂犬病毒(PRV)、猪圆环病毒2型(PCV2)和猪细小病毒(PPV)是种公猪精液中最为常见的导致母猪繁殖障碍性的病原,种公猪精液如果携带这些病毒会导致猪繁殖障碍类等疫病的发生。病毒不仅影响公猪精子活力,而且抑制精子与卵子结合,降低母猪产仔数;引发母猪子宫内膜炎及卵巢炎,引起妊娠母猪流产、死胎、木乃伊胎或新生仔猪带毒。如果公猪精液携带病毒,病毒通过配种或者人工授精进入母猪体内并在体内繁殖,还会通过精卵结合感染合子或感染胎儿,造成垂直感染,仔猪会隐性携带病毒,哺乳仔猪出现高死亡率、保育猪饲养难度升高与死亡率升高,极易造成母猪感染与疫病流行。如猪蓝耳病、猪瘟、猪伪狂犬病、非洲猪瘟等,给养猪业健康生产造成了巨大的损失。

9.2.3 精液细菌污染对疾病传播的影响

随着集约化、规模化养猪业的快速发展,猪的人工授精技术已广泛应用,在养猪联合育种中大大地加速遗传改良进程。尽管猪冷冻精液保存过程中大大降低了微生物扩繁增殖的速度,但冻精异地引进时也可能存在疾病传播的风险。虽然猪精液里发现的大部分微生物是非致病的病原微生物,但猪瘟病毒、猪伪狂犬病毒、衣原体等已知的微生物通常会引起非常相似的临床症状,且常伴随着混合感染,可能引起巨大的经济损失。精液加工冷冻过程中,例如采集、加工或贮存均可能被二次污染,若含有危害较大的病原微生物,人工授精将精液中携带的病原体传给母猪,其受孕过程就是疫病的传播过程,关系到母猪的受孕、妊娠与分娩以及仔猪的健康。虽然用于人工授精的冷冻精液里出现的病毒不一定导致母猪感染疫病,但冷冻精液仍然是传播病毒性疫病的一大风险。

9.3 精液中病原微生物的检测及防治

9.3.1 精液中病原微生物的检测

9.3.1.1 猪精液中常见致病菌的检测

1.菌落总数的检测

(1)什么是菌落总数。菌落总数测定是用来判定猪精液被细菌污染的程度及卫生质量,反映猪精液在冻精制备过程中以及体外保存中是否符合卫生要求,以便对被检样品做出适当的卫生学评价。菌落总数的多少在一定程度上标志着猪精液质量的优劣。菌落是指细菌在培养基上生长增殖而形成的能被肉眼识别的生长物,它是由一定数量相同的细胞集合而成。当精液样品被稀释到一定程度,与培养基混合，在一定培养条件下，每个能够生长增殖的细菌都可在平板上形成一个可见的菌落，所有菌落数的总和即为菌落总数。

(2)菌落总数的单位。菌落总数是指待测精液样品经过处理，在一定培养基成分、温度和时间、pH 等条件下培养后所取 1 mL 待测精液样品中所含菌落的总数。菌落形成单位叫作 CFU，其含义是形成菌落的菌落个数，不等于细菌个数。菌落总数往往采用的是平板计数法，经过培养后数出平板上所生长出的菌落个数，从而计算出每毫升待检样品中可以培养出多少个菌落，以 CFU/mL 做计算单位。

(3)检测菌落总数的作用。菌落主要用来判定待测精液样品被污染的程度，以便对被检样品进行卫生学评价时提供依据。猪精液中菌落总数严重超标，说明精液样品的卫生状况达不到基本的卫生要求，将会破坏样品中精子存活依赖的生理环境，加速猪精子细胞结构破坏及生理功能的改变，降低精子的繁殖潜能。有关细菌与猪精子质量的研究表明，细菌菌落总数大于 10^3 CFU/mL 时会对精子质量造成不良影响，细菌菌落总数达到 10^7 CFU/mL 时会严重破坏猪精子质量。

(4)菌落总数的检测方法。菌落总数的测定，一般将被检样品制成几个不同的 10 倍递增稀释液，然后从每个稀释液中分别取出 1 mL 置于灭菌平皿中与营养琼脂培养基混合，在一定温度下，培养一定时间后(一般为 48 h)，记录每个平皿中形成的菌落数量，依据稀释倍数，计算出每毫升原始样品中所含细菌菌落总数。基本操作一般包括：样品的稀释、倾注平皿、培养 48 h、计数报告。

(5)菌落总数的检测操作步骤。样品的处理和稀释：以无菌操作取待测精液样品 25 mL，放于 225 mL 灭菌生理盐水或其他灭菌的稀释液内，经充分振摇制成 1∶10 的均匀稀释液。用 1 mL 灭菌吸管吸取 1∶10 稀释液 1mL，沿管壁徐徐注入含有 9 mL 灭菌生理盐水或其他稀释液的试管内，振摇试管混合均匀，制成 1∶100 的稀释液。另取 1 mL 灭菌吸管，按上述操作顺序，制 10 倍递增稀释液，如此每递增稀释一次即换用 1 支 1 mL 灭菌吸管。

无菌操作：操作中所用玻璃器皿必须完全灭菌，不得残留有细菌或抑菌物质。所用剪刀、镊子等器具也必须进行消毒处理。样品如果有包装，应用 75% 乙醇在包装开口处擦拭后取样。操作应当在超净工作台或经过消毒处理的无菌室进行。琼脂平板在工作台暴露 15 min，每个平板不得超过 30 个菌落。

采样的代表性：液体样品须经过振摇，以获得均匀稀释液。为减少样品稀释误差，在连续递次稀释时，每一次稀释应充分振摇，使其均匀，同时每一次稀释应更换一支吸管。

倾注培养：将凉至 46 ℃营养琼脂培养基约 15 mL 注入平皿，并转动平皿，混合均匀。根据标准要求或对污染情况的估计，选择 2～3 个适宜稀释度，分别在制 10 倍递增稀释液的同时，以吸取该稀释度的吸管移取 1 mL 稀释液于灭菌平皿中，每个稀释度做两个平皿。同时将营养琼脂培养基倾入加有 1 mL 稀释液(不含样品)的灭菌平皿内作空白对照。待琼脂凝固后,翻转平板,置(36±1) ℃恒温箱内培养(48±2) h,取出计算平板内菌落数目,乘以稀释倍数,即得每毫升精液样品所含菌落总数。

计数和报告:培养到时间后,计数每个平板上的菌落数。可用肉眼观察,必要时用放大镜检查,以防遗漏。在记下各平板的菌落总数后,求出同稀释度的各平板平均菌落数,计算出原始样品中每毫升精液样品中的菌落数,计数时应选取菌落数在 30～300 的平板(SN,为商业标准,要求为 25～250 个菌落),若有两个稀释度均在 30～300 时,按国家标准方法要求应以二者比值决定,比值小于或等于 2 取平均数,比值大于 2 则取其较小数字(有的规定不考虑其比值大小,均以平均数报告),进行报告。

若所有稀释度均不在计数区间,如均大于 300,则取最高稀释度的平均菌落数乘以稀释倍数报告;如均小于 30,则以最低稀释度的平均菌落数乘以稀释倍数报告;如菌落数有的大于 300,有的小于 30,但均不在 30～300,则应以最接近 300 或 30 的平均菌落数乘以稀释倍数报告。

2.精液中致病菌的分离培养

猪精液中致病菌种分离是通过单一菌体个体增殖,在选择性固体培养基上长出肉眼能见的群体,然后根据培养特征,用接种针调取所需菌种并在显微镜下检查鉴定。致病菌种分离培养常用的方法有以下几种。

(1)稀释倒平板法。首先把新鲜精液或是稀释后的猪精液进行一系列的稀释(如 1∶10、1∶100、1∶1 000、1∶10 000),然后分别取不同稀释液少许,与已熔化并冷却至 46 ℃左右的琼脂培养基混合,摇匀后,倒入灭菌的培养皿中,待琼脂凝固后,制成可能含菌的琼脂平板,保温培养一定时间即可出现菌落。

(2)涂布平板法。先将已熔化的培养基倒入无菌平皿,制成无菌平板,冷却凝固后,将一定量的新鲜精液或是稀释后的猪精液滴加在平板表面,再用无菌玻璃棒将菌液均匀分散至整个平板表面,经培养后挑取单个菌落。

(3)平板划线法。最简单的分离致病菌的方法是平板划线法,即用接种环以无菌操作蘸取少许待分离的材料,在无菌平板表面进行连续划线,细菌细胞数量将随着划线次数的增加而减少,并逐步分散开来,如果划线适宜的话,致病菌能一一分散,经培养后,可在平板表面得到单菌落。

(4)稀释摇管法。先将一系列盛无菌琼脂培养基的试管加热,使琼脂熔化后冷却并保持在 46 ℃左右,将待分离的材料用这些试管进行梯度稀释,试管迅速摇动均匀,冷凝后,在琼脂柱表面倾倒一层灭菌液体石蜡和固体石蜡的混合物,将培养基和空气隔开。培养后,菌落形成在琼脂柱的中间,进行单菌落的挑取和移植,需先用一只灭菌针将液体石蜡-石蜡盖取出，再用一只毛细管插入琼脂和管壁之间，吹入无菌无氧气体，将琼脂柱吸出，置放在培养皿中，用无菌刀将琼脂柱切成薄片进行观察和菌落的移植。

3.精液中致病菌的PCR检测技术

在猪精液病原菌的检测技术中，常规的检测手段各有各的局限性，如单菌落培养计数，不仅耗时耗力，且对于难以培养的厌氧菌很难纯化培养。目前在临床上，聚合酶链式反应(PCR)检测技术是常用的猪精液中病原菌检测手段。例如扩增布鲁氏杆菌的保守区域VirB8进行布鲁氏菌病的鉴定；利用钩端螺旋体侵袭蛋白A基因PCR扩增进行早期诊断，该法适用于大数量标本的流行病学调查；利用双重PCR技术扩增结核分枝杆菌群16 SrRNA基因和IS6110基因，进行结核分枝杆菌检测。

常用的致病菌PCR检测的方法有以下3种。

(1)单一PCR(simplex PCR)就是应用一对引物，只针对精液中单一病原菌的特定核酸进行鉴定。

首先是获得标准菌株，进行标准菌株的活化、形态学鉴定和扩大培养；针对不同的菌株采用不同的培养皿，并使用革兰氏染色细菌进行鉴别染色。

标准菌株DNA和精液中致病菌DNA模板的制备：利用DNA提取试剂盒，酶解法裂解细胞，并采用硅胶膜离心柱特异性吸附DNA。

引物设计与合成：根据致病菌的16 SrRNA，通过GenBank查找相关序列，进行序列比对，决定扩增片段，并交由公司合成。

单一PCR检测的建立及验证：通过查阅文献以及预试验摸索最佳的PCR反应体系，确定上下游引物、模板、Taq DNA聚合酶以及dd H_2O的体积，并确定预变性、变性、退火、延伸、终延伸以及循环数等参数。

利用确定好的PCR扩增参数和扩增体系对目的基因进行扩增，将扩增产物进行琼脂糖电泳，采用DNA凝胶回收试剂盒对致病菌的目的扩增条带进行胶回收，送往公司进行测序，将测序结果与GenBank上面已发表的相关基因序列进行比对。

(2)多重PCR(multiplex PCR)则是指在同一个扩增体系中包含了两对或两对以上的引物对，可以同时扩增两种或两种以上目的核酸，同时检测精液中多种病原菌目的核酸。

多重PCR反应体系的构建及其验证：通过对单一PCR扩增结果的分析，初步确定多重PCR的反应体系以及扩增程序，接下来通过试验进一步摸索最佳反应体系；多重PCR反应体系的特异性验证：选取单一PCR检测出的阳性样品，对多重PCR的反应体系进行特异性验证，扩增完成后将PCR产物进行凝胶电泳，并用凝胶成像仪进行分析。

(3)荧光定量 PCR(real-time quantitave PCR)是在 PCR 扩增过程中加入了荧光化学物质,伴随着反应的进行,目的核酸片段不断增加,荧光强度也相应增强,每经过一个循环就会收集到一个荧光强度信号,通过软件能够将荧光强度变化转化为扩增曲线。

荧光染料法:荧光染料检测扩增序列的基础是反应体系中加入能与双链 DNA 结合的荧光分子,如 SYBR green Ⅰ和 Eva Green 等荧光染料。SYBR Green Ⅰ是一种只能与双链 DNA 特异性结合的荧光染料,不存在 DNA 双链时,SYBR Green Ⅰ不发光,在与双链 DNA 的小沟部位结合后,荧光才被激发。由于 SYBR Green Ⅰ的荧光信号强度与双链 DNA 的数量成正比,通过对荧光信号强度的检测,能够反应 PCR 体系存在的双链 DNA 数量。

TaqMan 探针法:进行 PCR 扩增时在反应体系加入一对用于扩增特定靶基因的引物,和一条位于上下游引物之间对应模板序列的特异性荧光探针,最常用的 TaqMan 探针是一条两端标记荧光基团的寡核苷酸链,5′端标记一个荧光报告基团,3′端标记一个荧光淬灭基团,当 TaqMan 探针完整时,荧光基团吸收的能量会转移给同在寡核苷酸链上的淬灭基团,此时检测不到荧光信号,在 qPCR 扩增中,模板变性退火时,探针优先于引物与模板链特异性结合后,引物在 Taq 酶的作用下沿模板链延伸到达探针处时,由于 Taq 酶 5′端至 3′端的外切酶活性,将与模板链结合的 TaqMan 探针切割,5′端的荧光基团从探针上脱离,荧光信号因无法被 3′端的淬灭基团屏蔽而释放,此时可以收集到荧光信号,每一条 DNA 链形成时都能采集到一个荧光分子,荧光信号可以与 PCR 产物形成同步。

4.精液中致病菌的其他检测技术

近年来,随着微生物测序技术快速发展,先进的 DNA 测序和数据分析技术也为猪精液中微生物群落的构成分析提供了便利,同时也加深了对于猪精液中微生物群落组成和动态变化的认知。当前微生物组的测序方法大致分为三种,即标记基因测序、宏基因组测序和全宏基因组转录组测序。基本原理都是基于准确的序列变异方法,整合宏基因组数据、代谢组学数据,消除混杂因子影响。例如 16 SrDNA 测序(标记基因测序)、宏基因组测序及全宏基因转录组分析等微生物组学技术。

9.3.1.2 精液中病毒的检测方法

猪精液中病毒的检测,临床诊断有病源分离、血清学和组织学等方法,也有兽医临床上通过病原分离鉴定、ELISA 法、PCR 技术、RT-PCR 技术、DNA 探针技术、中和试验、免疫荧光技术进行诊断。对人工授精中心公猪出现的病毒感染或冷冻精液中出现的病原体进行诊断,例如检测存在感染性的活病毒、病毒核酸或抗病毒抗体。

其中 RT-PCR 检测技术亦是常有的分析手段。例如，根据 GenBank 中猪繁殖与呼吸综合征病毒（PRRSV）的 NSP2，ORF5 基因序列，分别设计了可区分经典 PRRSV 株的 NSP2-F、NSP2-R 与扩增 ORF5 基因的 ORF5-F、ORF5-R 两对特异性引物，对公猪精液进行了 RT-PCR 检测，结合公猪血清进行 ELISA 抗体检测。此外，为实现种猪精液多病原混合感染的快速诊断，建立针对 CSFV、PRRSV、FMDV、JEV、PRV、PCV-2 和 PPV 这 7 种病原体的七重 PCR 鉴别诊断方法，为种猪精液传播常见疫病的快速诊断和防控提供了技术支撑。

9.3.2　冷冻精液的净化措施

猪精液净化是指清除或杀灭精液中的病原体（细菌、病毒、衣原体）、毒素（内毒素、外毒素）等有害物质，确保精液的质量。精液中病原微生物应该从遗传、营养、饲养、采精过程、精液加工处理及精液保存过程全方位防控。猪的冷冻精液净化常用方法是在精液稀释液中添加青霉素、链霉素等抗生素以及中药提取物抗病毒产品，以及抗菌肽、溶菌酶等物质。

9.3.2.1　抗生素的使用

精液稀释液中含有丰富的营养物质，有利于微生物的繁殖。在实际生产过程中，通常是添加一定量的抗生素来抑制病原菌的生长增殖。但长期滥用抗生素导致了常见致病菌的耐药性增加，多种类抗生素在精液中的抑菌效果显著降低。

在公猪精液中的病原菌一般都为革兰氏阴性菌，喹诺酮类药物的效果最好。而磺胺类药物的抗菌谱最广，庆大霉素、链霉素以及卡那霉素的抗菌谱基本相同，例如假单胞菌属、葡萄球菌及杆菌属等，但庆大霉素能够有效抑制大肠杆菌的增殖。葡萄球菌属、曲霉属和青霉属对多种抗生素产生了明显的耐药性；此外，复方新诺明对大肠杆菌属、变形杆菌属、葡萄球菌属和青霉菌属的抑制效果高于其他抗生素，其成分包含甲氧苄啶，具有极强的抗菌作用。

建议猪人工授精站在选择抗生素药物的种类前，最好先做一个药敏试验，以有效避免耐药现象，加强对精液质量的控制。避免人工授精传播疾病的最佳策略是使用 SPF 公猪，定期监测动物和精液，进而维持较高水平的生物安全。

9.3.2.2　适度使用碘溶液

聚维酮碘（PVP-I）是目前猪精液稀释过程中常用的净化剂，其中的碘以络合碘的形式存在，其络合程度越高，毒性越小，它具有广谱的杀菌效果，能够破坏病原体原浆蛋白的活性基因，也能与氨基结合导致蛋白质变性，从而抑制病原菌的增殖。由于破坏了病原体的遗传基因，病原体不易产生耐药性，从而改善了致病菌的耐药性问题，具有广泛的应用前景。

利用 PVP-I 净化猪精液亦有浓度限制，当浓度小于 0.2 g/L 时，能够有效抑制公猪精液中的棒状杆菌、大肠杆菌、不动杆菌、铜绿假单胞菌、白色念珠菌、链球菌，而对精子活力参数以及形态完整性没有影响。在一定浓度下络合碘溶液能有效杀灭猪繁殖与呼吸综合征病毒(PRRSV)和猪传染性胃肠炎病毒(TGEV)，为开发猪精液保护剂提供了理论基础，同时已在实际养殖生产应用，为解决精液中疾病的垂直传播问题提供新思路。此外，采用含有碘的消毒剂对金黄色葡萄球菌及铜绿假单胞菌亦有明显抑菌作用。

9.3.2.3 益生菌制剂的使用

益生菌制剂是养猪场常用的添加剂，能够产生抑菌物质并改变体内微生物群组成。益生菌与病原微生物具有拮抗作用，能够分泌有机酸、过氧化氢、细菌素和生物表面活性剂等化合物，能够抑制病原微生物的生长，在酸性条件下，细菌素的抗菌活性更强。益生菌也能够分泌水解酶，可以水解细菌毒素、修饰毒素受体并抑制一些由毒素介导的疾病；益生菌还可以分泌胞外多糖，抑制病原菌形成生物膜；在长白猪饲料中添加富硒益生菌能够增加精子活力。益生菌复合抑菌剂为抗生素替代物提供了新选择。

9.3.2.4 采精场所的管理与消毒

采精过程是猪精液最容易被细菌污染的环节，包括采精场所、猪只净化、采精器皿及采精人员消毒等。

按照美国宾夕法尼亚大学 Althouse G. C. (2005)推荐的最小细菌污染模式进行精液收集和加工。

(1)选用紫外线或臭氧进行采精场所定期消毒，保持环境清洁卫生。

(2)在收集精液之前，用消毒剂擦拭地板，重复使用的假母台以及房间表面要用紫外线消毒，并采取适当的安全预防措施，保护工作人员免受暴露。

(3)一些收集精液的容器，例如玻璃器皿、塑料器皿等，要先在蒸馏水中漂洗，然后在 70%酒精中充分冲洗，以进行消毒。

(4)收集精液时，用一次性擦拭巾对假母台、公猪腹部、包皮开口和周围区域进行消毒，以最大程度地减少精液收集容器对包皮的污染。

(5)使用双层手套，准备好后应丢弃外层手套，以便用戴干净手套的手抓住阴茎。

(6)将射出的精液从收集容器转移到无菌试管中以进行后期加工处理。

严格的卫生、消毒管理制度，切断疫病的传播途径，是保证猪精液质量的关键。

思考题

1. 造成猪精液中微生物污染的主要原因有哪些？
2. 猪精液中携带哪些病原体容易导致母猪死胎与流产？
3. 致病菌损伤猪精子的方式主要有哪些？
4. 猪精液受细菌污染后其品质降低的主要原因是什么？
5. 目前在猪精液中鉴定到的病毒主要有哪些种类？
6. 猪精液细菌和病毒污染对母猪生产性能产生哪些影响？
7. 猪精液中常见致病菌的检测方法主要有哪些？
8. 猪精液采集过程中如何做到精液细菌污染最小化？

思考题答案

参考文献

[1] Althouse G. C. , Kuster C. E. , Clark S. G. , et al. Field investigations of bacterial contaminants and their effects on extended porcine semen[J]. Theriogenology，2000.

[2] Althouse G. C. , Lu K. G. Bacteriospermia in extended porcine semen[J]. Theriogenology，2005，63(2)：573-584.

[3] Bergsten G. , Wullt B. , Svanborg C. *Escherichia coli*，fimbriae，bacterial persistence and host response induction in the human urinary tract[J]. International Journal of Medical Microbiology，2005，295(6-7)：487-502.

[4] Cai K，Yang J，Guan M，et al. Single UV excitation of Hoechst 33342 and propidium iodide for viability assessment of rhesus monkey spermatozoa using flow cytometry [J]. Archives of andrology，2005，51(5)：371-383.

[5] Chang Y F. The reproductive syndrome in equine leptospirosis[J]. Equine Vet J. ，2021，53(4)：856.

[6] Clayton Gill，许怀让. 猪冷冻精液人工授精的最新设想综述 [J]. 国外畜牧学(猪与禽)，1987，(02)：34-36.

[7] Czubaszek M，Andraszek K，Banaszewska D. Influence of the age of the individual on the stability of boar sperm genetic material[J]. Theriogenology，2020，147：176-182.

[8] Danowski K. M. Qualitative and quantitative investigation of the germ content in boar semen and the antibiotic sensitivity of the prevailing germ spectrum[D]. Tierarztliche Hochschule，1989.

[9] Diddion B. A. , Braun G. D. , Duggan M. V. Field fertility of frozen boar semen：a retrospective report comprising over 2600 AI services spanning a four year period [J]. Animal reproduction science，2013，137(3-4)：189-196.

[10] Esbenshade KL，Nebel RL. Encapsulation of porcine spermatozoa in polylysine microspheres. Theriogenology，1990，33：499-508.

[11] Fraser L，Gorszczaruk K，Strzezek J. Relationship between motility and

membrane integrity of boar spermatozoa in media varying in osmolality. Reproduction in domestic animals = Zuchthygiene, 2001, 36:325-329.

[12] Gadella B. M., Ferraz M. A. A Review of New Technologies that may Become Useful for in vitro Production of Boar Sperm. Reprod Domest Anim., 2015,50 Suppl 2:61-70.

[13] Gadella B. M. Reproductive tract modifications of the boar sperm surface. Mol Reprod Dev.,2017,84(9):822-831.

[14] Ganong,W. F. Review of Medical physiology. 19th ed. Norwalk, Conn.: Appleton&Lange, 1999.

[15] Gao D, Critser J. K. Mechanisms of cryoinjury in living cells. ILAR J, 2000, 41:187-196.

[16] Garner D. L., Evans K. M., Seidel G. E. Sex-sorting sperm using flow cytometry/cell sorting [J]. Methods in molecular biology (Clifton, NJ), 2013, 927:279-295.

[17] Garner D. L., Johnson L. A. Viability assessment of mammalian sperm using sybr-14 and propidium iodide[J]. Biol Reprod, 1995, 53(2): 276-284.

[18] Guimarães D. B., Barros T. B., Van Tilburg M. F., et al. Sperm membrane proteins associated with the boar semen cryopreservation [J]. Animal reproduction science, 2017, 183:27-38.

[19] Guthrie H. D., Welch G. R. Determination of intracellular reactive oxygen species and high mitochondrial membrane potential in percoll-treated viable boar sperm using fluorescence-activated flow cytometry[J]. J Anim Sci, 2006, 84(8): 2089-2100.

[20] Hallap T., Nagy S., Jaakma U., et al. Mitochondrial activity of frozen-thawed spermatozoa assessed by MitoTracker Deep Red 633 [J]. Theriogenology, 2005, 63(8): 2311-2322.

[21] Hezavehei M., Sharafi M., Kouchesfahani H. M., Henkel R., Agarwal A., Esmaeili V., Shahverdi A. Sperm cryopreservation: A review on current molecular cryobiology and advanced approaches[J]. Reprod Biomed Online, 2018, 37:327-339.

[22] Hossain M. S., Johannisson A., Wallgren M., et al. Flow cytometry for the assessment of animal sperm integrity and functionality: state of the art [J]. Asian journal of andrology, 2011, 13(3): 406-419.

[23] Kauffold J., Rautenberg T., Richter A., et al. Ultrasonographic charac-

terization of the ovaries and the uterus in prepubertal and pubertal gilts[J]. Theriogenology, 2004, 61(9):1635-1648.

[24] King G. J. , Macpherson J. W.. Boar Semen Studies: II. Laboratory and Fertility Results of a Method for Deep Freezing [J]. Canadian Journal of Comparative Medicine & Veterinary Science, 1967, 31(2): 46-47.

[25] Kizilay F. , Altay B.. Sperm function tests in clinical practice[J]. Turk J Urol, 2017, 43(4): 393-400.

[26] Lee J. K. , Khademi S. , Harries W. , Savage D. , Miercke L. , Stroud R. M.. Water and glycerol permeation through the glycerol channel GlpF and the aquaporin family. J Synchrotron Radiat, 2004, 11:86-88.

[27] Leibo SP, Martino A, Kobayashi S, Pollard JW. 1996. Stage-dependent sensitivity of oocytes and embryos to low temperatures. Animal reproduction science, 1996, 42:45-53.

[28] Leibo S. P. , McGrath J. J. , Cravalho E. G.. 1978. Microscopic observation of intracellular ice formation in unfertilized mouse ova as a function of cooling rate. Cryobiology, 1978, 15:257-271.

[29] L. Fraser, A. Dziekonska, R. Strzezek. Dialysis of boar semen prior to freezing-thawing: Its effects on post-thaw sperm characteristics[J]. Theriogenology, 2007, 67(5): 994-1003.

[30] Maes D. , Nauwynck H. , Rijsselaere T. , et al. Diseases in swine transmitted by artificial insemination: An overview[J]. Animal Science Abroad, 2008, 70(8): 1337-1345.

[31] Martínez-Pastor F. , Mata-Campuzano M. , Aalvarez-Rodríodríguez M. , et al. Probes and techniques for sperm evaluation by flow cytometry [J]. Reproduction in domestic animals = Zuchthygiene, 2010, 45 Suppl 2(67-78).

[32] Mazur P, Leibo SP, Chu EH. A two-factor hypothesis of freezing injury. Evidence from Chinese hamster tissue-culture cells. Exp Cell Res, 1972, 71:345-355.

[33] Mozo-Martín R. , Gil L, Gómez-Rincón C. F. , et al. Use of a novel double uterine deposition artificial insemination technique using low concentrations of sperm in pigs [J]. Veterinary journal (London, England : 1997), 2012, 193(1): 251-256.

[34] Muldrew K, McGann LE. The osmotic rupture hypothesis of intracellular freezing injury. Biophys J, 1994, 66:532-541.

[35] Munoz-Garay C., De la Vega-Beltran J. L., Delgado R., Labarca P., Felix R., Darszon A.. Inwardly rectifying K(+) channels in spermatogenic cells: functional expression and implication in sperm capacitation [J]. Dev Biol, 2001, 234:261-274.

[36] Nebel R. L., Bame J. H., Saacke R. G., Lim F.. Microencapsulation of bovine spermatozoa [J]. J Anim Sci, 1985, 60:1631-1639.

[37] Ofosu J., Qazi I H., Fang Y., et al. Use of melatonin in sperm cryopreservation of farm animals: A brief review [J]. Animal reproduction science, 2021, 233:1-9.

[38] Paz-Soldán S. V., Dianderas M. T., Windsor R. S.. Leptospira interrogans serovar canicola: a causal agent of sow abortions in Arequipa, Peru [J]. Trop Anim Health Prod, 1991, 23(4):233-240.

[39] Pedro P. B., Yokoyama E., Zhu S. E., Yoshida N., et al. Permeability of mouse oocytes and embryos at various developmental stages to five cryoprotectants [J]. The Journal of reproduction and development, 2005, 51: 235-246.

[40] Polge C., Salamon S., Wilmut I.. Fertilizing capacity of frozen boar semen following surgical insemination [J]. Veterinary Record, 1970, 87(15): 424.

[41] Preston G. M., Carroll T. P., Guggino W. B., Agre P.. Appearance of water channels in Xenopus oocytes expressing red cell CHIP28 protein [J]. Science, 1992, 256:385-387.

[42] Seki S., Mazur P.. Comparison between the temperatures of intracellular ice formation in fresh mouse oocytes and embryos and those previously subjected to a vitrification procedure [J]. Cryobiology, 2010, 61:155-157.

[43] Sone M., Kawarasaki T., Ogasa A., et al. Effects of bacteria-contaminated boar semen on the reproductive performance[J]. Journal of Reproduction & Development, 1989, 35(3): 159-164.

[44] Tamuli M. K., Sharma D. K., Rajkonwar C. K.. Studies on the microbial flora of boar semen. [J]. Indian Veterinary Journal, 1984, 61: 858-861.

[45] Wiest S. C., Steponkus P. L.. The osmometric behavior of human erythrocytes [J]. Cryobiology, 1979, 16:101-104.

[46] Zeng W. X., Shimada M., Isobe N., Terada T.. Survival of boar spermatozoa frozen in diluents of varying osmolality [J]. Theriogenology, 2001,

56:447-458.
[47] 陈献欣，兰云，李晖仁，等. 猪冷冻精液在规模化猪场的应用探索 [J]. 猪业科学，2018，35(11)：110-112.
[48] 冯健超. 猪精液的冷冻技术 [J]. 湖北农业科学，1978 (02)：30-32.
[49] 何锡忠，林鸷，朱永军，等. 猪伪狂犬病灭活疫苗(PRVSX-gE 株)对怀孕母猪安全性及繁殖性能的影响[J]. 国外畜牧学(猪与禽)，2021,41(05):32-35.
[50] 瞿文学，孙红波，李步社，等. 上海祥欣种公猪站猪冷冻精液推广试验 [J]. 国外畜牧学(猪与禽)，2018，38(4)：61-64.
[51] 李文烨. 三种糖类和抗氧化剂对猪精子冷冻保存效果的研究[D]. 西北农林科技大学，2007.
[52] 马红. 猪体细胞核移植及体外受精技术的研究[D]. 东北农业大学，2010.
[53] 宁宜宝，王琴，丘惠深，等. 猪瘟病毒持续感染对母猪繁殖性能及仔猪猪瘟疫苗免疫效力的影响[J]. 畜牧兽医学报，2004(04):449-453.
[54] 人民教育出版社,课程教材研究所,生物课程教材研究开发中心. 生物(选修3:现代生物科技专题)[M]. 北京:人民教育出版社，2018.
[55] 任尚. 氢气对猪精液保存效果的影响[D]. 安徽农业大学，2021.
[56] 汪俊跃，张树山，戴建军,等. 高压均质(HPH)大豆卵磷脂替代卵黄在猪精液冷冻保存效果的研究 [J]. 中国兽医科学，2020，50(11)：1461-1468.
[57] 王昕. 白藜芦醇对猪冷冻精子细胞凋亡及凋亡途径的影响 [D]. 上海海洋大学，2015.
[58] 王永，黄汉良，陈清森，等. 猪精液中细菌分离与鉴定试验[J]. 广东畜牧兽医科技，2006(06)：42-43.
[59] 吴梦，丁玉春，刘作华，等. 猪精子质量的流式细胞检测分析 [J]. 中国畜牧兽医，2016，43(09)：2502-2507.
[60] 谢东淇，苏泽智，郝阳毅，等. 猪精液中菌落种类的鉴定及药敏试验[J]. 中国畜牧杂志，2016，52(9)：66-69.
[61] 徐章龙，蒋伟华，蔡加乐，等. 猪精液冷冻技术研究(第三报) [J]. 畜牧与兽医，1982(05)：193-196.
[62] 许典新. 我国猪精液冷冻技术研究现状 [J]. 畜牧兽医学报，1986(04)：222-226.
[63] 杨芳，陆金春，刘园园，等. 一种可反映人精子 DNA 损伤严重程度的流式细胞术的建立及评价[J]. 中华男科学杂志，2020，26(11)：7.
[64] 杨利国. 动物繁殖学[M]. 北京:农业出版社,2003.
[65] 杨文祥，孙政国，金穗华. 家畜精(子)细胞染色方法的比较与评价[J]. 中国

牛业科学，2017，43(3)：3.
[66] 杨增明，孙青原，夏国良. 生殖生物学.第二版[M].北京：科学出版社，2019.
[67] 张继慈，丹羽太左卫门. 日本猪冷冻精液实用化试验结果及今后的利用方向[J]. 国外畜牧学(猪与禽)，1991(03)：31-34.
[68] 张家庆，伏彭辉，毛献宝，等. 公猪精液中细菌的分离鉴定及药敏试验[J]. 养猪，2009(06)：55-56，42-43.
[69] 郑友民. 家畜精子形态图谱[M].北京：中国农业出版社，2013.
[70] 中国农林科学院科研生产组. 我国应用冷冻猪精液首次成功[J]. 动物学杂志，1975(03)：17.
[71] 周虚. 动物繁殖学[M].北京：科学出版社，2015.